Ferrari

Wolfgang Hörner

Ferrari

Die Modelle des neuen Jahrtausends

GeraMond

Produktmanagement: Patrick Grootveldt, Martin Distler
Schlusskorrektur: Michael Dörflinger, Augsburg
Satz: Elke Mader, München
Repro: Cromika s.a.s., Verona
Umschlaggestaltung: Uhlig Coverdesign, Augsburg unter Verwendung von Fotos von Ferrari S.p.A
Herstellung: Thomas Fischer
Printed in Spain by Tallers Grafics Soler

Alle Angaben dieses Werks wurden vom Autor sorgfältig recherchiert und auf den aktuellen Stand gebracht sowie vom Verlag geprüft. Für die Richtigkeit der Angaben kann jedoch keine Haftung übernommen werden.
Für Hinweise und Anregungen sind wir jederzeit dankbar. Bitte richten Sie diese an:

GeraMond Verlag
Lektorat
Postfach 40 02 09
D-80702 München
E-Mail: lektorat@verlagshaus.de

Die Deutsche Nationalbibliothek verzeichnet diese Publikation in der Deutschen Nationalbibliografie; detaillierte bibliografische Daten sind im Internet über http://dnb.d-nb.de abrufbar.

ISBN 978-3-86245-600-0

Inhalt

Ferrari

Vorwort

Das beste Pferd im Stall

Der nächste Ferrari ist immer der Beste, pflegte Enzo Ferrari zu sagen. Deutlicher als mit diesem Worten lässt sich Innovationsbereitschaft kaum ausdrücken. Ferraris Einschätzung wurzelte in seinen Erfahrungen aus dem Motorsport, dem er mehr als 60 Jahre lang eng verbunden war: Ein neuer Rennwagen musste immer schneller sein und die Grenzen des Zulässigen bis auf das Maximum ausloten. Nur dann war der Erfolg sicher.

Und bei den Straßenfahrzeugen? Für Enzo Ferrari galt seine Maxime selbstverständlich auch hier. Denn selbst wenn er bisweilen etwas eigenwillig bei technischen Konzepten war, so war er Neuem stets aufgeschlossen. Zwölfzylindermotoren waren sein Credo, dem er bei Bedarf aber auch Vier-, Sechs- oder Achtzylinderaggregate zur Seite stellte, wenn es die Situation erforderte.

Straßensportwagen in Serie? Viersitzige Ferrari-Coupés? Mittelmotor für Renn- und Serienfahrzeuge? Automatikgetriebe und ABS? All das sind Entwicklungen, die der Firmengründer zeitlebens nicht nur miterlebte, sondern in vielen Fällen selbst anstieß. Nur ganz wenigen Dingen stand er skeptisch gegenüber. Zum Beispiel viertürigen Ferrari-Fahrzeugen. Doch selbst den Allradantrieb ließ er in den 1980er-Jahren ausgiebig erproben, um ihn dann als für seine Fahrzeuge ungeeignet auszusortieren.

Stattdessen bediente er sich bei der Weiterentwicklung seiner Fahrzeuge bei der Kreativschmiede seiner Formel-1-Abteilung. Kein anderer Serienhersteller kann für sich verbuchen, so intensiven Technologietransfer zu betreiben wie Ferrari: Was die Grand-Prix-Renner schneller macht, ist auch für die Optimierung der Straßenmodelle geeignet – wirtschaftliche Machbarkeit natürlich vorausgesetzt.

Bei Ferrari ist dieser Transfer beileibe keine leere Phrase. Heute sogar noch weniger als früher. Ein Blick auf die Modelle des neuen Jahrtausends, die zwar ohne Enzo Ferrari, dafür aber unter der Leitung des cleveren Managers Luca di Montezemolo entstanden, zeigt eindrucksvoll Beispiele von Formel-1-Technik für die Straße: F1-Schaltung, der Einsatz von Carbon und Titan oder E-Diff und F1-Trac sind nur einige davon.

Und wie geht es weiter? Leichter und noch effizienter heißt die Devise. Auch die Umsetzung der KERS-Technologie steht auf der Agenda. Denn nur so wird auch in Zukunft weiter gelten: Der nächste Ferrari ist wieder der Beste!

Dr. Wolfgang Hörner

Legendäre Legende

Als im Mai 1947 der Ferrari 125 S vollendet wird, kann dieser von sich in Anspruch nehmen, das erste Automobil der jungen Marke Ferrari zu sein. Doch er ist nicht das erste Fahrzeug, das Enzo Ferrari konstruiert. Nach seiner Trennung von Alfa Romeo gründet er 1940 die Auto Avio Construzioni und fertigt zwei Modelle vom Typ 815. Die beiden von der Carrozzeria Touring eingekleideten Modelle starten bei der Mille Miglia. Der Zweite Weltkrieg macht ein weiteres Engagement allerdings unmöglich, die Firma muss militärische Güter fertigen. Bedroht von Bombenangriffen verlegt Enzo Ferrari sein Werk 1943 ins nahegelegene Maranello – ein Dorf, in dessen Umgebung seine Frau etwas Land besitzt.

Historischer Mustertyp: Der Ferrari Testarossa von 1984 steht für einen starken Zwölfzylindermotor, für eine ausgefeilte Aerodynamik und für innovatives Design.

Zusammen mit den beiden Motoreningenieuren Gioacchino Colombo und Luigi Bazzi nimmt er nach Kriegsende einen neuen Anlauf, und so entsteht der 125 S. Schon dieser besitzt ein wesentliches Merkmal, das bis heute zum Ferrari-Kult fest dazugehört: einen Zwölfzylindermotor.

Zu diesem Zeitpunkt hat Enzo Ferrari hauptsächlich Motorsport im Sinn. Tatsächlich sind seine Autos siegreich – erst in Klassen-, dann in Gesamtwertungen. Seine Konstruktionen erobern rasend schnell die Welt der Rennsportwagen: Als für diese 1953 erstmals eine Weltmeisterschaft ausgeschrieben wird, gewinnen seine Fahrzeuge den Titel auf Anhieb. Auch in der neu gegründeten Formel-1-Weltmeisterschaft fahren seine Autos vorne mit. Bereits 1952 wird mit Alberto Ascari erstmals ein Ferrari-Pilot Formel-1-Weltmeister.

Der exzellente Ruf seiner Rennwagen spricht sich schnell herum, sodass Enzo Ferrari praktisch von Beginn an seine Fahrzeuge an vermögende Privat- und Hobbyrennfahrer verkaufen kann. Weil in dieser Zeit die Grenzen zwischen Renn- und Straßenwagen ohnehin verwischt sind, nutzen die Ferrari-Kunden ihre Autos teilweise auch auf öffentlichen Straßen.

Doch bald wird deutlich, dass sich auch eine neue Klientel für die Fahrzeuge interessiert: Sie fährt keine Rennen, genießt aber das Prestige der jungen Marke. So entstehen bereits 1949 erste „echte“ Straßen-Ferrari. Wie in jener Zeit bei exklusiven Herstellern durchaus üblich, werden überwiegend motorisierte Chassis verkauft, die dann bei Karosseriebauern wie Touring, Pinin Farina oder Zagato eingekleidet werden. So überrascht es nicht, dass die Fahrzeuge überwiegend Einzelstücke sind oder höchstens in einer Auflage von ganz wenigen Exemplaren entstehen. Selbst dann unterscheiden sich die Fahrzeuge in Details.

Markenverständnis heute: Ferrari im Mittelpunkt, Helden nur zur Legendenbildung. So doziert Ferrari-Chef Montezemolo in Gegenwart dreier Ferrari-Formel-1-Weltmeister (Niki Lauda, Michael Schumacher und Jody Scheckter).

Ferrari einst: Starke Motoren, mäßige Fahrwerke und null Komfort. Heute sind die Fahrzeuge ein Gesamtkunstwerk, die mit Spitzentechnik in allen Bereichen aufwarten.

Im Motorsport setzt Ferrari in den 1950er-Jahren seine Erfolgsgeschichte fort. Sie wird allerdings immer wieder durch einzelne Schicksalsschläge wie tödliche Unfälle oder Pech auf der Rennstrecke unterbrochen. Auch erweist sich manch technisches Konzept als nicht konkurrenzfähig. Doch gerade auch daraus nährt sich die Faszination der Marke, die immer wieder auf die Erfolgsspur zurückfindet.

Bei den Straßenfahrzeugen ist sie ohnehin auf Kurs. Als Mitte der 1950er-Jahre die Ära des 250 GT beginnt, werden erstmals Fahrzeuge in nennenswerten Stückzahlen gebaut. Dazu trägt bei, dass Ferrari längst auch auf dem US-Markt vertreten ist. Beflügelt vom günstigen Dollar-Lira-Wechselkurs finden immer mehr Amerikaner Gefallen an den schnittigen Sportwagen. Nachdem in dieser Zeit die Anzahl europäischer Industrieller und Schauspieler stark begrenzt ist, wird bald die USA zum wichtigsten Markt für Ferrari. Daran ändert sich bis heute nichts: Vor allem in Kalifornien, Florida und Texas sowie in der Region

um New York erfreut sich das springende Pferd großer Beliebtheit.

Doch selbst im Nachkriegs-Deutschland lassen sich Ferrari verkaufen. 1957 besiegelt Enzo Ferrari mit dem Düsseldorfer Autohändler Wilhelm Becker in einem Handschlag-Abkommen den organisierten Vertrieb seiner Fahrzeuge. „Auto Becker" wird zum Generalimporteur, der deutschlandweit mit Händlern zusammenarbeitet, um Vertrieb und Service sicherzustellen. Wegen der stetig wachsenden Verkaufszahlen übernimmt die neu gegründete Autexpo Anfang der 1980er-Jahre den Ferrari-Vertrieb für Deutschland-Süd, während Deutschland-Nord weiter von „Auto Becker" bedient wird.

1990 zieht Ferrari indes den Vertrieb an sich und gründet die Ferrari Deutschland GmbH, zunächst mit Sitz in Frankfurt, seit 1993 in Wiesbaden. In der Folge wird Deutschland nach den USA zum zweitgrößten Markt für Ferrari.

In den 1960er-Jahren boomt Ferrari erstmals. Die Produktion der Straßenfahrzeuge ist zu einer steten Serienfertigung geworden, Einzelexemplare werden seltener. Längst hat die Marke einen Weltruf. Im Motorsport ist sie die Marke, die es für die Konkurrenz zu schlagen gilt – ganz gleich ob in der Formel 1, der Sportwagen-WM oder in Le Mans.

Einer, der von diesem Mythos angetan ist, ist der Henry Ford II, Erbe und Lenker des Ford-Konzerns. Anfang des Jahrzehnts bietet er Unsummen, um Enzo Ferrari das Werk abzukaufen. Als sich dieser standhaft weigert, beschließt der Amerikaner, Ferrari auf der Rennstrecke zu besiegen: Mit unermesslichem finanziellen Aufwand gewinnt Ford viermal die 24 Stunden von Le Mans. Tatsächlich läutet diese Ferrari-Niederlage

Kultobjekte: Gemessen an der Zahl der ausgelieferten Fahrzeuge sind viele Ferrari-Besitzer in Markenclubs organisiert und treffen sich bei entsprechenden Events.

Mythos pur: Zwölfzylindertriebwerke gehören wie die Formel 1 zu Ferrari. Trotzdem ist die Marke auch mit V8-Triebwerken höchst erfolgreich.

Ein Siegertyp: Mit dem 500 F2 holt sich Ferrari 1952 und 1953 die ersten beiden Formel-1-Titel. „Schönheitsfehler": Der Wagen hat nur einen Vierzylindermotor!

den langsamen Rückzug der Marke aus der Sportwagen-WM ein.

Dafür ist Enzo Ferrari an anderen Fronten aktiv: Er gründet sie Sub-Marke Dino und produziert preiswertere V6-Sportwagen. Weil der Motor in Zusammenarbeit mit Fiat entsteht, kommen sich Fiat-Patron Giovanni Agnelli und Enzo Ferrari geschäftlich näher. Unter der Bedingung, weiter Hoheit über seine Rennabteilung zu behalten, verkauft Enzo Ferrari am 18. Juni 1969 50 Prozent seines Unternehmens an Fiat.

Wie sich bald herausstellt, hätte dieser Schritt zu keinem besseren Zeitpunkt erfolgen können. Die 1970er-Jahre beuteln die Sportwagenhersteller schwer. Ölkrise und verschärfte Sicherheits- und Umweltauflagen in den USA bremsen die Nachfrage spürbar. Doch nicht zuletzt dank der finanzkräftigen Mutter in Turin übersteht Ferrari auch diese Epoche unbeschadet.

Trotzdem ist Umdenken angesagt: Stärker als bisher werden Marktforschung betrieben und kundenorientierte Lösungen angeboten: Erstmals gibt es Automatikgetriebe für den großen 400 GT und eine kleine, von V8-Motoren angetriebene Baureihe. Sie entwickelt sich in auf Dauer zum wichtigen Standbein für Ferrari, das mehr als zwei Drittel der Gesamtproduktion ausmacht. Enzo Ferrari scheut sich auch nicht, für seinen Heimatmarkt steuerbegünstigte 2,0-Liter-Motoren anzubieten.

Sportlich werden die 1970er-Jahre zum großen Erfolg – auch wenn sich Ferrari werkseitig nicht mehr an Sportwagenrennen beteiligt. Drei gewonnene Formel-1-Welmeisterschaften und vier Konstrukteurstitel trösten darüber hinweg. Doch dann beginnt für Ferrari eine harte Durststrecke: Nach zwei knapp verpassten Weltmeisterschaften dauert es bis zum Jahrtausendwechsel, bis der WM-Titel wieder nach Maranello geht. Den Verkäufen der Straßenfahrzeuge tut das keinen Abbruch – zumal sie in den 1980er-Jahren zukunftsfähig gemacht werden: Benzineinspritzung, ABS und Katalysatoren sind jetzt auch in den Fahrzeugen von Ferrari zu finden.

Als am 14. August 1988 Enzo Ferrari im Alter von 90 Jahren stirbt, löst sein Tod einen ungeahnten Boom auf seine Fahrzeuge aus. In den Folgejahren bauen sich Lieferzeiten von bis zu 24 Monaten für Neufahrzeuge auf. Prompt blüht der Handel mit Kaufverträgen, Optionen und Neuwagen. Auch für historische Modelle werden bei Auktionen aberwitzig hohe Preise erzielt.

Enzo Ferraris Tod macht einen Neuanfang erforderlich. Zehn Prozent gehören fortan seinem Sohn Piero Ferrari, die übrigen Anteile Fiat. Chef wird 1991 der frühere Ferrari-Rennleiter Luca di Montezemolo. Er krempelt das Unternehmen gründlich um: Alte Seilschaften werden gekappt, neue Spitzenkräfte ins Haus geholt. Zu ihnen gehört Jean Todt, der Sportchef wird, und der maßgeblich für die späteren Erfolge in der Formel 1 mitverantwortlich ist. Denn ab 1999 fährt Ferrari im Grand-Prix-Geschäft wieder Siege in Serie und WM-Titel ein – allen voran natürlich mit Rekordweltmeister Michael Schumacher.

Diese Erfolge haben Wirkung: Ist Ferrari über viele Jahrzehnte hinweg nur einem vergleichsweise kleinen Insider-Kreis bekannt, ändern das die Formel-1-Triumphe des neuen Jahrtausends schlagartig: Immer wieder taucht der Name Ferrari in Listen der weltweit wertvollsten und bekanntesten Marken auf. Entsprechend blüht auch das Geschäft mit Merchandising, das noch bis weit in die 1980er-Jaher hinein eher stiefmütterlich behandelt wird.

Doch auch die Straßenfahrzeuge kommen nicht zu kurz: Neue Fertigungsprozesse, strenge Qualitätskontrollen und der stete Technologietransfer aus der Formel 1 begeistern heute nicht nur die Herzen der Fans, sondern auch den Verstand.

Schweres Erbe: Piero Ferrari ist der uneheliche Sohn des Firmengründers und wird von Enzo Ferrari lange Zeit nicht akzeptiert. Inzwischen ist er Anteilseigner und Vize-Präsident von Ferrari.

Erfolg mit den Kleinen Die Sub-Marke Dino verhilft Ferrari mit kleineren Motoren in den 1960er-Jahren zu größeren Stückzahlen. Ferrari mit V8-Aggregaten gibt es erst seit 1975.

Ferrari 456 GT

König der Pferde

Der Rhythmus von Modellwechseln in der Automobilbranche ist üblicherweise völlig berechenbar. Nach rund acht oder spätestens zehn Jahren gilt eine Baureihe als überholt – technisch genauso wie optisch. Und selbst diese Lebenszeit setzt bereits voraus, dass ein oder zwei Modellüberarbeitungen erfolgten, um durch kleine Retuschen der aktuellen Entwicklung zu folgen. Denn nicht selten kommt es vor, dass mangels Erfolg sogar schon viel früher die Produktion eingestellt wird, um einem mutmaßlich erfolgreicheren Nachfolger Platz zu machen. Vor diesem Hintergrund hätte der Ferrari 456 GT locker sechs bis acht Jahre früher erscheinen können.

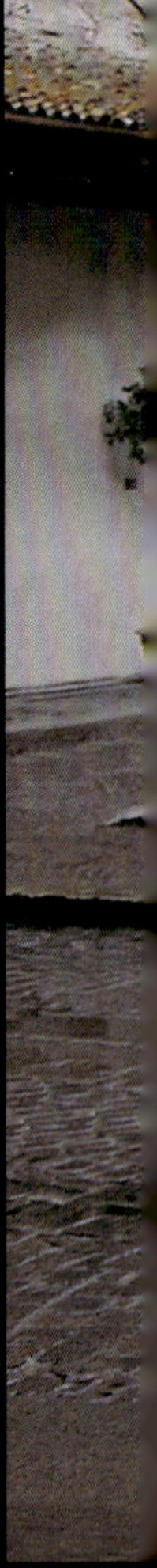

Denn sein Vorgänger ist ein Phänomen. Er debütiert 1972 unter der Bezeichnung 365 GT/4 2+2, wird ab 1976 als 400 verkauft, und zwischen 1985 und 1989 schließlich als 412 vermarktet (siehe Seite 20). Doch auch wenn sich die Zahlencodes ändern: im Grunde bleibt er immer der Alte. Die Bemühungen auf technischer Seite reichen letztlich nicht aus, um die Baureihe am Leben zu halten. Ende der 1980er-Jahre sind es vor allem die fehlenden Möglichkeiten, das zu diesem Zeitpunkt gut 20 Jahre alte V12-Triebwerk „sauber" zu bekommen. So besiegeln die verschärfte Abgasgesetzgebung in den USA und die aufkommende Katalysatorpflicht in Europa das Ende eines 17-jährigen Autolebens.

Dass sich die Baureihe überhaupt so lange auf dem Markt behaupten kann, ist umso bemerkenswerter, als das große 2+2-sitzige Coupé zeitlebens optisch nur geringfügig verändert wird. Es ist noch nicht einmal die „Erfolg-Gibt-Ihm-Recht"-These, die das Coupé für sich verbuchen kann. Denn über alle Modifikationen hinweg wird es nur 2.906-mal gefertigt – angesichts des Produktionszeitraums eine selbst für Ferrari-Verhältnisse bescheidene Stückzahl. Dazu trägt allerdings auch der hohe Preis bei, der sich bei Produktionsende auf über 200.000 DM beläuft. Damit liegt der gediegene Luxus-Viersitzer fast schon auf dem gleichen Preisniveau wie die stärksten und fahraktivsten Spitzenmodelle des Hauses.

Und trotzdem erfreut sich die Baureihe einer gewissen Beliebtheit: In europäischen Königshäusern und Adelsgeschlechtern sowie bei Stars und VIPs, die ein Mindestmaß

Wegweisend: Mit dem 456 GT und seiner Überarbeitung 456M GT (Bild) nimmt Ferrari ab 1992 das neue Jahrtausend in Angriff.

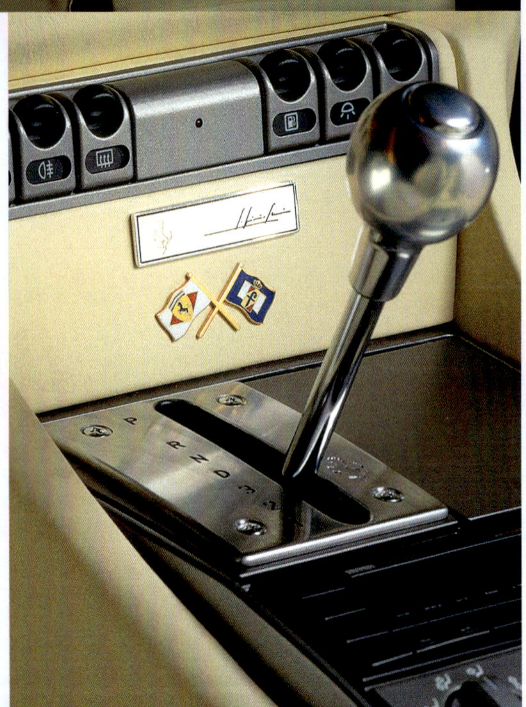

Modern: Auch im Innenraum zeigt sich die Fortschrittlichkeit des 456 GT deutlich. Die Zweifarbausführung des Interieurs stammt aus dem Programm von „Carrozzeria Scaglietti" (oben).

Nachgelegt: Ab 1996 ist das Fahrzeug auch mit Automatik erhältlich und wird als 456 GTA bezeichnet (rechts).

Kraftwerk: Der 5,5 Liter große Motor ist eine völlige Neuentwicklung (unten).

an Komfort suchen, ist sie sehr geschätzt – auch weil so viel Understatement bei den Modellen mitschwingt. Deshalb stellt sich angesichts des sich abzeichnenden Endes der Baureihe die Frage, wie Ferrari dieses Juwel ersetzen wird. Die Antwort darauf fällt überraschend kurz aus: gar nicht.
Zumindest nicht sofort. So fällt in den Jahren 1990 und 1991 dem V8-Mittelmotor-Sportwagen Ferrari Mondial t die Rolle des „Familienmodells" zu. Doch letztlich ist es naheliegend, die entstandene Lücke wieder zu schließen. Unklar bleibt indes lange Zeit, wie der Neue aussehen wird. Denn sehr zum Leidwesen von Fans und Medien klappt die Geheimhaltungsstrategie während der Erprobung des neuen 2+2-Sitzers prima. Und wenn tatsächlich einmal ein Erlkönig des Coupés vor die Linse eines Fotografen fährt, ist er so stark getarnt, dass keine Rückschlüsse auf das reale Aussehen möglich sind.
Dafür schießen sich die europäischen Fachzeitschriften bereits auf einen Namen ein: 512 America. Das Kürzel ist durchaus logisch. Den Zifferncode 512 führt schließlich auch der Testarossa-Nachfolger 512 TR im Namen. Er steht für fünf Liter Hubraum und zwölf Zylinder. Der Zusatz America ist dagegen nicht nur historisch begründet, sondern eine Reminiszenz zu Ehren des Hauptabsatzmarktes für Ferrari. Der mutmaßliche Namen wird so oft verwendet, dass es letztlich einer Überraschung gleichkommt, als Ferrari im Sommer 1992 die Bezeichnung des neuen Coupés bekannt gibt: 456 GT. Klassischer kann sie kaum ausfallen. Die Abkürzung GT für Gran Turismo

Modellübersicht

456 GT	
1992-1997:	5,5 l / 442 PS
456M GT	
1998-2003:	5,5 l / 442 PS

trägt beinahe die Hälfe aller je produzierten Ferrari-Modelle. Und die Ziffernfolge 456 setzt die Nomenklatur alter Schule fort, die wie auch bei den Vorgängermodellen den Hubraum pro Einzelzylinder angibt. Folglich errechnet sich aus 456 Kubikzentimetern ein Gesamthubraum des Zwölfzylindertriebwerks von knapp 5,5 Litern. Das ist der größte Wert, den bis zu diesem Zeitpunkt ein Straßen-Ferrari aufweist.
Bereits mit der Hubraumangabe zeichnet sich ab, dass die Triebwerke des 512 TR und des 456 GT nicht miteinander verwandt sind – auch wenn beide Aggregate über zwölf Zylinder verfügen und auch beide als V-Motoren ausgewiesen sind. Doch das Studium des Zylinderbankwinkels offenbart den entscheidenden Unterschied: 180 Grad des 512 TR stehen 65 Grad des 456 GT gegenüber. Neben dem 180-Grad-Flachmotor produziert Ferrari also fortan ein eigenes Triebwerk mit konventionellem Layout für den 456 GT.
Doch der Begriff konventionell bezieht sich bestenfalls auf den Zylinderbankwinkel – in allen anderen Punkten wird das Aggregat zum Meilenstein. Stolze 442 PS leistet das Triebwerk, 14 mehr als das sportliche Spitzenmodell, der 512 TR, und stolze 102 PS mehr (also 30 Prozent mehr) als der direkte Vorgänger, der Ferrari 412. Einzig der Ferrari F40 (siehe Seite 64) kann zu diesem Zeitpunkt als limitierter Supersportwagen die Leistung des 456 GT um 36 PS toppen.
Auch wenn der Maximalwert bei einer Drehzahl von 6.250 U/min erreicht wird, ist der neue V12-Motor auf noch höhere Belastungen ausgelegt. Detailliert weist Ferrari darauf hin, dass sämtliche Komponenten auf eine Dauerbelastung von 7.000 Touren ausgelegt sind und als Spitzenwert gar 7.250 Umdrehungen möglich sind. Entsprechend gestärkt ist die Kurbelwelle, während aber das eigentliche Interesse der Entwickler die Gewichtskontrolle ist.

Gepflegtes Understatement: Der 456 GT ist ein Untertreiber, der seine Leistung, seine Fahrdynamik und seinen Preis gut zu verbergen weiß.

Zylinderkopf, Kurbelgehäuse und anderes mehr werden deswegen aus leichter Aluminiumlegierung gefertigt. Damit fällt der V12-Motor nicht nur kompakter, sondern in Summe auch leichter aus: Mit 235 Kilogramm wiegt er deutlich weniger als der 5,0-Liter-Motor des Vorgängers.
Außergewöhnlich fällt der Nockenwellenantrieb aus. Er erfolgt im ersten Schritt über ein Zahnradvorgelege, im zweiten Schritt über zwei kurze Zahnriemen. Auch wenn Ferrari kurz vorher noch die Fünfventiltechnik in der Formel 1 erprobt, steuern die insgesamt vier Nockenwellen „nur" vier Ventile pro Zylinder. Absolut zeitgemäß wird die Gemischaufbereitung von der digitalen Bosch Motronic M2.7 kontrolliert, sodass bis auf Weiters die Abgasentgiftung beim 456 GT kein Problem darstellt. Überdies wird das Fahrzeug natürlich serienmäßig mit Katalysatoren ausgestattet.
Klassischer, nämlich vom Rennsport inspiriert, ist die Trockensumpfschmierung. Sie reduziert Motorhöhe und Einbauposition und sorgt für eine durchgängige Ölversorgung bei hohen Querbeschleunigungen.

Rarität: Vom 456 GT werden selten rote Exemplare ausgeliefert. Am ehesten noch zu Beginn der Produktion, als er mit 442 PS das Spitzenmodell im Programm ist.

Doch im Detail zeigt sich auch hier der Fortschritt: Benötigt der alte V12-Motor noch 16 Liter Motoröl zum Geschmeidigsein, sind es beim neuen nur noch zehn.

Wie sich erst 18 Monate nach Ankündigung des 456 GT herausstellt, ist er fortan der einzige 2+2-Sitzer im Programm von Ferrari: Die Produktion des fahraktiven Mondial läuft Anfang 1994 ohne Ersatz aus. Doch die Sportwagenmanufaktur will sich nicht nachsagen lassen, das Frontmotorcoupé nicht fahrdynamisch genug auszulegen. Um das Manko des hohen Gewichts auf der Vorderachse zu kompensieren, setzt Ferrari auf eine Bauweise, die bereits Formel-1-erprobt ist: die Transaxle-Bauweise. So sitzt das Sechsganggetriebe von ZF als fest verflanschter Block mit dem Differenzial an der Hinterachse und verlagert damit einen nicht unwesentlichen Teil des Gewichts auf die Hinterachse. Mit Erfolg, denn das große Frontmotorcoupé weist eine überdurchschnittlich gute Achslastverteilung von 51 zu 49 Prozent auf.

Alleine schon mit dem Antrieb startet der 456 GT eine neue Ära. Doch noch viel stärker als die Technik bringt das die Karosserie zum Ausdruck. Sie ist so grundlegend anders, dass neben dem 412 der 456 GT wie von einem anderen Stern wirkt. Dabei stammen beide aus dem gleichen Designstudio. Doch während Sergio Pininfarina Anfang der 1970er-Jahre einen betont kantigen Entwurf schafft, der stilistisch seiner Zeit sogar voraus ist, ist das Design des 456 GT das genaue Gegenteil: rund, glattflächig und funktional.

Zudem zeichnet sich der 456 GT durch neue Proportionen aus: Im Vergleich zu seinen Vorgängern ist er acht Zentimeter kürzer, aber zwölf Zentimeter breiter. Das macht seine Erscheinung bulliger und weni-

Sergio Pininfarina

Schöpfer des Ferrari-Designs

Die Wurzeln des Ferrari-Designs sind älter, als es die Automarke selbst ist. Bereits 1930 gründet Battista Farina einen Karosseriebaubetrieb, nachdem er zuvor in dem Unternehmen seines Bruders „Stabilimenti Farina“ arbeitet. Zur besseren Unterscheidung wird Battistas Kosename Pinin Bestandteil der Firmierung: Carrozzeria Pinin Farina. Vermutlich weil es immer wieder zu Verwechslungen kommt, setzt Battista Farina alles daran, seinen Nachnamen ändern zu dürfen. 1961 stimmen der italienische Staatsminister und der Justizminister in einem einmaligen Akt zu, sodass fortan der Name Pininfarina Verwendung findet. Als fünf Jahre später Battista stirbt, ist sein Sohn Sergio – der jetzt ebenfalls mit Nachname Pininfarina heißt – längst in dem Geschäft zu Hause, das gerade einen tief greifenden Wandel durchlebt. Sind bis weit in die 1950er-Jahre hinein Einzelanfertigungen das Maß der Dinge, überlebt fortan nur der Karosseriedesigner, der feste Industriepartner hat und in die Serienproduktion mit einbezogen wird. Zunächst sind es allerdings Karosserieschmieden wie Vignale und Touring, mit denen Enzo Ferrari bevorzugt zusammenarbeitet. Doch Mitte der 1950er-Jahre kommen verstärkt Battista und Sergio Pinin Farina zum Zug. Bereits wenige Jahre später sind sie „Hausdesigner“ von Ferrari und gestalten seither bis auf eine einzige Ausnahme (den Dino 308 GT4 entwirft 1973 Bertone) alle Serien-Ferrari. Weil Pininfarina auch über Produktionsanlagen verfügt, entstehen dort später sogar Ferrari-Karosserien. Mit Beginn des Jahrtausends übergibt Sergio Pininfarina schrittweise das Unternehmen an seinen Sohn Andrea, der jedoch 2008 tödlich verunglückt.

ger filigran. Die große Breite von 1.920 Millimetern resultiert unter anderem aus dem Phänomen der etwas „bauchigen" Karosserie. Das stört nicht und passt gut in die allgemeine Wachstumsphase der Automobilwirtschaft der späten 1980er-Jahre. Einzig das Fahrwerk erweckt bisweilen den Anschein, nicht mitgewachsen zu sein. Gerade in Kombination mit der Serienbereifung, hinten immerhin 285 Millimeter breit, entsteht der Eindruck, eine zu große Hülle sei über ein zu schmales Fahrwerk gestülpt worden.

Die Modernität der Karosserie zeigt sich allerdings nicht nur in der Linienführung, sondern auch in ihren technischen Details. Weil Größe für Gewicht sorgt, dieses aber Gift für einen Ferrari ist, wird konsequent gegengesteuert. Zum Beispiel mit einer Aluminiumkarosserie. Ihr Besonderheit: Sie ist auf einen Stahlrohrrahmen geschweißt. Möglich machen das spezielle Zwischenlager, die aus der Stahllegierung Feran besteht und die Punktschweißen erleichtert. Als Hightech-Komponente entpuppt sich auch die Motorhaube. Sie ist aus Kunststoff, verstärkt mit Carbon- und Kevlarfasern und mit einer Sandwich-Einlage in Honeycomb-Bauweise. Wie aufwendig dieses Bauteil wirklich ist, erfahren Kunden nach Unfällen: Der Preis als Ersatzteil liegt bei weit über 10.000 DM. Und apropos Fronthaube: Als nettes Detail erweisen sich die sehr zurückhaltend designten Klappscheinwerfer. Die natürlich zur Windschutzscheibe hin anschlagende Haube spart diese mit zwei entsprechenden Öffnungen aus. Und, was noch niemand zu diesem Zeitpunkt weiß: Es ist das letzte Mal, dass bei Ferrari Klappscheinwerfer Verwendung finden.

Eine Innovation ganz anderer Art offenbart indes das Heck. Zwar kommt der 456 GT ohne sichtbare Spoiler und Flügel aus (ausgenommen der scharf gezogenen Heckabrisskante), trotzdem – oder besser: genau deshalb – spielt der aerodynamische Feinschliff eine wichtige Rolle. Da die moderne „Zaubertechnik" des Diffusors noch nicht entdeckt ist, setzt Ferrari auf ein variables Heckspoilerblatt, das sich zwischen den zweimal zwei Auspuffrohren befindet. Ab einer Geschwindigkeit von 120 km/h verändert es automatisch seinen Anstellwinkel und reduziert den Auftrieb von 220 auf 70 Kilogramm.

Die Raffinesse außen setzt sich im Interieur fort. Das kantige Design, das gut zehn Jahre lang die Innenraumgestaltung prägt, ist im 456 GT wie fortgeblasen. Alles wirkt wie aus einem Guss, ohne Brüche und Kanten. Selbst die bei Kunden sehr beliebte Zweifarb-Ausstattung, bei der Sitze, Mittelkonsole und der untere Bereich der Armaturentafel in einer kräftigen Lederfarbe, die Oberseite der Armaturentafel dagegen in Schwarz gehalten sind, stellt keinen Bruch dar. Ordentlich aufgeräumt ist auch der Mitteltunnel, der zwar weiterhin breit ist, aber – zum Leidwesen mancher Traditionalisten – nicht mehr über die stark ansteigende Form des 400 / 412 verfügt.

Trotzdem bleibt genügend Klassik, um den 456-GT-Innenraum eindeutig Ferrari zuzuordnen. In erster Linie gehört dazu natür-

Klassische Verteilung: Anders als bei seinem Nachfolger nimmt der Fahrgastbereich viel Platz ein, das Triebwerk sitzt weit vorne.

Neue Wege: In den 1960er-Jahren bietet Ferrari erstmals Fahrzeuge (im Bild rechts ein 330 GT 2+2) mit vier Sitzplätzen an.

Gewagtes Experiment: Zwischen 1973 und 1993 fertigt Ferrari zusätzlich auch 2+2-Sitzer in Mittelmotorbauweise (im Bild ganz rechts ein Mondial von 1989).

Klassiker der 1970er- und 1980er-Jahre: Der Ferrari 412 (ganz rechts) wird zusammen mit seinen optisch nahezu gleichen Vorläufern 365 GT/4 2+2 und 400 zum Inbegriff für viersitzige Ferrari.

Erster für Vier: Der 250 GTE 2+2 ist der erste Ferrari-Viersitzer (unten). Er ist überraschend sportlich zu fahren.

Viersitzer von Ferrari

Als in den 1950er-Jahren die Serienfertigung langsam in Schwung kommt entstehen Roadster, Cabrios und Coupés, die allesamt mit zwei Sitzen ausgestattet sind. Nur vereinzelt entstehen Sonderanfertigungen, die über eine Rückbank verfügen. Bisweilen sind es aber auch nur reine Notsitze – oder Ablagen, die als Notsitze genutzt werden. Doch mit wachsendem Erfolg sieht sich Enzo Ferrari mit einer neuen Klientel konfrontiert: Sie möchte sportlich fahren, aber auch ein Mindestmaß an Komfort genießen. In Nordamerika ist dieser Anspruch fast gleichbedeutend mit Platz.

Vor diesem Hintergrund stellt Ferrari anlässlich der 24 Stunden von Le Mans 1960 den 250 GTE 2+2 vor. Er entstammt der weit verzweigten 250er-Modellfamilie, die Glanzstücke wie den 250 GT oder 250 GTO hervorbringt. Der 250 GTE 2+2 bekommt indes eine vergleichsweise brave Karosserie von Pininfarina, unter der im Fahrgastraum zwei Rücksitze Platz finden. Dass es trotzdem ein „echter“ Ferrari ist, beweist der Umstand, dass der „GTE“ mit seinem 240 PS starken 3,0-Liter-V12-Motor auch zu Rennehren kommt.

Nach einer kurzen Interimsphase, in der der optisch nahezu gleiche 330 America 2+2 die Rolle des Viersitzers übernimmt, folgt 1963 der 330 GT 2+2 – mit neuer, deutlich größerer Pininfarina-Karosserie und einem 300 PS starken 4,0-Liter-V12-Motor. Er bleibt nach einer gründlichen Modellüberarbeitung bis 1967 im Programm. Bis dahin hat Ferrari insgesamt bereits über 20.000 Viersitzer produziert. Im gleichen Jahr folgt mit dem 365 GT 2+2 die nächste Generation. Sie verfügt über ein 4,4-Liter-V12-Aggegat mit 320 PS und erhält wegen ihrer ausladenden Pininfarina-Formen den Spitznamen „Queen Mary“. Tatsächlich erreicht ihr Raumangebot ein neues Niveau für Ferrari-Verhältnisse.

Als auf dem Genfer Autosalon 1971 der Thronfolger von „Queen Mary“ vorgestellt wird, herrscht allenthalben große Verwunderung: Der 340 PS starke 365 GTC/4, der weiterhin von dem 4,4-Liter-V12-Motor angetrieben wird, orientiert sich stilistisch stark an den knapp geschnittenen Sportcoupés, allen voran dem 365 GTB/4 „Daytona“. Darunter leidet das Platzangebot des 2+2-Sitzers, der ansonsten aber mit allem ausgestattet ist, was für die damalige Zeit zum gepflegten Reisekomfort gehört: Bremskraftverstärker, Servolenkung und sogar Niveauregulierung. Doch für „Il Gobbone“, der Bucklige, wie das Fahrzeug wenig schmeichelhaft genannt wird, kommt ein Jahr später bereits das Aus.

Dafür präsentiert Ferrari im Herbst 1972 einen Nachfolger, der sich als großer Wurf erweist. Der 365 GT/4 2+2 besitzt eine gleichermaßen schlichte wie geniale Karosserie von Pininfarina mit viel Platz auf den Rücksitzen. Als Antrieb kommt weiterhin der 4,4-Liter-V12-Motor zum Einsatz, jetzt

in einer 320-PS-Ausführung. Wegen seines hohen Preises ist der Erfolg zunächst allerdings eher bescheiden. Zur Verkaufsförderung beschließt Ferrari ein Update, das äußerlich zwar weitgehend identisch ist, aber ein 4,8-Liter-V12-Triebwerk mit 340 PS aufweist. Das eigentliche Highlight des 400 GT ist allerdings seine Option, ihn als ersten Ferrari überhaupt mit Automatikgetriebe auszuliefern. Gerade Überseemärkte machen davon gerne Gebrauch – und noch mehr, als er ab 1979 mit sauberer Einspritztechnologie als 400i mit 310 PS zu haben ist. Ihm folgt 1985 die letzte Ausbaustufe: Der äußerlich praktisch unveränderte 412 besitzt nun ein 340 PS starkes 5,0-Liter-V12-Aggregat und hat als erster Ferrari ABS.
Parallel zu den V12-Modellen stellt Ferrari 1973 den Dino 308 GT/4 vor. Er besitzt ein 3,0-Liter-V8-Triebwerk in Mittelmotoranordnung und eine 2+2-sitzige Karosserie von Bertone (das einzige Mal in den vergangenen 50 Jahren, dass nicht Pininfarina zum Zug kommt). Zunächst wird das Modell unter der Sub-Marke Dino vertrieben, ab 1977 als Ferrari. Überdies gibt es für Italien eine 2,0-Liter-Version. 1980 folgt der hochmoderne Mondial 8. Er hat das gleiche Konzept, diesmal jedoch eine Karosserie von Pininfarina. Sein 3,0-Liter-V8-Motor ist anfangs 214 PS, ab 1982 240 PS stark. Unter Beibehaltung der optischen Proportionen wächst er 1985 zur 3,2-Liter-Version (270 PS) und 1989 zur 3,4-Liter-Version (300 PS) – bis die Baureihe schließlich 1993 ersatzlos gestrichen wird.

Erkennungszeichen: Der 456M GT ist an den zusätzlichen Scheinwerfern zu erkennen, die jetzt im Bereich des Kühlergrills platziert sind.

lich die offene Schaltkulisse, die längst zum Markenzeichen „der Roten" geworden ist. Dahinter, am Fuß der Mittelkonsole, kreuzen sich die Embleme der Firmenflaggen von Ferrari und Pininfarina. Ganz konventionell informieren den Fahrer klassische Rundinstrumente. Während Drehzahlmesser und Tacho fast schon zurückhaltend-modern sind, faszinieren hingegen die fünf Zusatzuhren der Mittelkonsole (Tank, Öldruck, Uhrzeit, Wassertemperatur und Öltemperatur – später änderte sich die Reihenfolge!) durch eine betont klassische Anmutung.
Ganz und gar nicht klassisch ist dagegen der Einstieg ins Fond. Als Vorfahre heutiger Easy-Entry-Systeme fährt im 456 GT immerhin der Vordersitz automatisch elektrisch nach vorne, sobald die Lehne umgeklappt wird. Damit „lockt" er die Gäste in das Fond, das für Erwachsene zwar keine Langstreckentauglichkeit aufweist, aber durch deutlich verbesserte Ergonomie gegenüber dem Vorgänger glänzt. Und wenn es schon um Abmessungen und Fortschritt geht, verweist man bei Ferrari stolz auf den

Mehr Raum: Durch den Wegfall der hinteren Mittel-Armauflage bieten die Rücksitze beim 456M GT mehr Platz. An den eigentlichen Abmessungen ändert sich indes nichts.

Von Beginn an: Parallel zum 456M GT ist ab sofort der 456M GTA mit Automatikgetriebe erhältlich. Neu ist auch die reduzierte Zahl an Zusatzuhren in der Mittelkonsole.

Kofferraum: Mit einem Volumen von 250 Litern passt die standesgemäße Golftasche hervorragend hinein.

Allerdings finden gerade viele deutsche Ferrari-Kunden beim Öffnen der Heckklappe etwas anderes vor: ein fünfteiliges Edel-Kofferset, das den Raum im 456 GT bestens ausnutzt. Es stammt vom Modeneser Lederspezialisten und Ferrari-Hoflieferanten Schedoni und wird für rund 10.000 DM angeboten. In der Praxis können sich 456-GT-Eigner jedoch als Gratis-Dreingabe darüber freuen. Mit dieser Maßnahme steuern Ferrari-Händler den faktischen Preisunterschieden zwischen Italien und Deutschland gegen: Aufgrund des günstigen Wechselkurses sind Serviceleistungen und Fahrzeuge südlich des Brenners deutlich günstiger. Entsprechend eisern versucht Ferrari Deutschland, durch diese Aufwertung ein Feilschen der Kundschaft zu vermeiden.

Dass der 456 GT mehr als andere Modelle von dem Währungs-Ungleichgewicht betroffen ist, liegt zum wesentlichen Teil auch seinem Preis: Satte 349.000 DM möchte Ferrari für das Edelcoupé haben, das sich dadurch mit deutlichem Abstand an die Spitze der Preisliste setzt. Nach dem Kauf entpuppt sich der 456 GT als fast perfektes Untertreiber-Auto und spricht damit vor allem Kunden an, die Ferrari-Fahren nicht mit Auffallen verbinden. Denn wenn der Wagen überhaupt als Ferrari erkannt wird, so schätzen Passanten seinen Wert auf die Hälfte. Entsprechend häufig werden gedeckte Farben und Silbertöne bestellt.

Ebenso vertun sich Passanten beim Einschätzen der Performance: Kaum jemand rechnet damit, dass der 456 GT tatsächlich 302 km/h schnell ist. Bei seinem Debüt ist er damit überhaupt erst der dritte Straßen-Ferrari nach 288 GT0 und F40, der die 300er-Marke knackt, während 2+2-sitzige Coupés anderer Marken nicht einmal näherungsweise dieses Niveau erreichen. Auch der Sprint in nur 5,2 Sekunden auf Tempo 100 ist beachtlich schnell. Doch letztlich leidet der 456 GT im direkten Vergleich zu den übrigen Modellen der Marke darunter, dass er trotz aller Bemühungen mit seinem Gewicht zu kämpfen hat. 1.690 Kilogramm wiegen schwer!

Folglich ist das Coupé als großer Reisesportwagen auch eher auf der Autobahn als auf Landstraßen zuhause. Hier weiß er mit exzellentem Geradeauslauf (selbst bei hoher Geschwindigkeit) zu brillieren. Seinen Fahrkomfort schöpft er dabei auch aus der dreistufigen Fahrwerksabstimmung, wobei die Komfortstufe für den 456 GT die überzeugendste Einstellung ist. Entsprechend schwer tut er sich damit allerdings auf kurvigen Sträßchen, die sein Gewicht überdeutlich zutage treten lassen. Gerade bei schlüpfrigem Untergrund macht sich überdies das Fehlen jeglicher Traktionshilfen bemerkbar, was einen seht gefühlvollen Umgang mit dem Gaspedal erforderlich macht. Immerhin ist ABS an Bord, während erst zwei Jahre nach Markteinführung Fahrer- und Beifahrer-Airbag die Sicherheitsausstattung aufwerten.

Der Begeisterung der Kunden tut das bei der Premiere des 456 GT keinen Abbruch. Für den großen Moment bittet Ferrari Presse, Kunden und VIPs aber weder ins heimische Maranello, noch ins mondäne Monaco oder ins coole Miami, sondern nach Brüssel. Dort feiert Jacques Swates, einst selbst siegreicher Ferrari-Rennfahrer und inzwischen Ferrari-Generalimporteur für Belgien und Luxemburg den 40. Geburtstag seiner Ecurie Francorchamps.

Und so fallen am 24. September 1992 die Hüllen des 456 GT im Parc du Cinquantenaire in Brüssel. Bereits wenige Tage später zeigt sich das Coupé öffentlich auf dem Pariser Automobilsalon. Erst sechs Monate später, Ende April 1993 gelangt der 456 GT auch nach Deutschland, wo er zum Ehrengast der Einweihung der neuen Räumlichkeiten der Ferrari Deutschland GmbH wird.

In den Augen mancher Kunden dauert es zu lange, bis endlich im März 1996 eine Erweiterung des Angebots des 456 GT vorgestellt wird: Auf dem Genfer Autosalon debütiert der lang ersehnte Ferrari 456 GTA, die Automatikvariante des Coupés. Immerhin werden zwischen 1976 bis 1989 vom Ferrari 400 / 412 die Selbstschaltversionen mit großem Erfolg verkauft, während das neue Coupé in den ersten drei Lebensjahren eine Lücke reißt. Möglicherweise ist diese mit der besonders aufwendigen Integration des Automatikgetriebes in den Sportwagen zu erklären. So besitzt der 456

Ferrari als Erlebnis

Ferrari weltweit

Die Begeisterung für Ferrari wächst in den 1980er-Jahren spürbar. Fragen nach einem Werksmuseum werden immer häufiger gestellt. Doch weil Enzo Ferrari wenig Bezug zur Vergangenheit hat, lehnt er ein solches Projekt ab. Selbst nach seinem Tod kommt die Initiative für ein Museum vor Gemeindeverwaltung in Maranello, die den Touristen etwas bieten möchte. So entsteht die Galleria Ferrari, die am 18. Februar 1990 (Enzo Ferraris Geburtstag) eröffnet wird.

Selbstverständlich erfolgt der Aufbau des Museums mit Zustimmung des Ferrari-Werks, das 1995 die Galleria Ferrari formal übernimmt. 2004 wird das Museum umgebaut, das längst rund 200.000 Besucher jährlich zählt. Es zeigt alle Epochen von Ferrari, Straßen- und Rennfahrzeuge sowie zahlreiche Erinnerungsstücke. Daneben beherbergt das täglich geöffnete Museum bisweilen Sonderausstellungen.

Basierend auf dem großen Erfolg des Merchandisings eröffnet Ferrari zum Jahrtausendbeginn zahlreiche Ferrari Stores – durchwegs in prominenter Lage und cool gestaltet: In Maranello und am Nürburgringring, in Mailand, Rom und Florenz oder auch in Miami, Los Angeles, New York und Abu Dhabi. Im Scheichtum wagt sich Ferrari überdies an ein ganz neues Projekt. Dort entsteht ein Ferrari-Themenpark, dessen Highlight eine Achterbahn der Extreme ist: Sie beschleunigt in zwei Sekunden auf Tempo 100 und ist 240 km/h schnell.

Gepflegteres Handling: Zu den Neuerung des 456M GT gehört die Antriebsschlupfregelung, die für mehr Fahrsicherheit sorgt.

GTA ein Automatikgetriebe, das – ganz analog zur manuellen Schaltbox – in Transaxle-Bauweise montiert ist. Der Aufwand dafür ist wegen der Steuerung der Wandlerautomatik enorm, bietet aber den Vorteil, die Gewichtsverteilung nicht zu verschlechtern. Weitere Kniffe der Viergangautomatik von FDD Ricardo sind die betont sportliche Steuerung, die unter anderem bei spontaner Gaswegnahme bei hohen Drehzahlen nicht wie herkömmliche Automaten hochschaltet, sondern in Erwartung eines nahenden Bremsmanövers den Gang beibehält.

Wenige Monate nach dieser Programmerweiterung bekommt der 456 GT allerdings Konkurrenz im eigenen Stall. Mit dem 550 Maranello besitzt Ferrari ab Sommer 1996 ein zweites Frontmotorcoupé mit Zwölfzylindermotor – allerdings mit deutlich aggressiverer Optik, dafür aber auch mit zwei Sitzplätzen weniger. Doch noch in einem anderen Punkt ist der Neue dem Viersitzer klar voraus: bei der Elektronik und den Regelsystemen.

So überrascht es nicht, dass Ferrari auf dem Genfer Autosalon 1998 ein Update des 456 GT präsentiert, der zu diesem Zeitpunkt immerhin auch schon fünf Jahre auf dem Markt ist. Symptomatisch für die Schlichtheit dieser Modellüberarbeitung ist auch der neue Name, der den alten einfach um ein M für Modificata ergänzt. Somit debütieren im Frühling am Genfer See 456M GT sowie 456M GTA.

Besucher der Messe müssen allerdings schon genau hinsehen, um die Unterschiede zum bisherigen 456 GT wahrzunehmen. Einzig die Frontpartie ist ein sichtbarer Hinweis auf den Fortschritt: Der Kühlergrill wurde größer und vor allem breiter und enthält nun auch die runden Fernscheinwerfer. Erst beim zweiten Blick wird deutlich, dass auch der Frontspoiler eine neue Form besitzt und dass auf der Haube die beiden

Luftauslässe fehlen. Tatsächlich ist die gesamte Haube neu, jetzt aus reiner Kohlefaser und nur noch elf Kilogramm schwer. Am Heck befindet sich jetzt nicht mehr der bewegliche Spoiler, sondern eine statische Ausführung, die vollends auf den neu gestalteten, aerodynamischen Unterboden abgestimmt ist.

Immerhin etwas deutlicher ist der Forschritt im Innenraum sichtbar: Der gesamte Armaturenträger ist neu gestaltet und wieder „mehr Ferrari“. In der Mittelkonsole verschwinden zwei der fünf Rundinstrumente und die Ergonomie von Schaltern und Sitzen wird grundlegend überarbeitet. Gerade groß gewachsene Kunden sitzen nun definitiv besser. Im Fond fällt die neue Sitzgeometrie ebenfalls auf, vor allem aber das Fehlen der bislang so großen Mittelarmlehne.

Weitgehend unverändert bleibt indes der Motor, der weiterhin 442 PS bereitstellt, allerdings mit geänderter Zündreihenfolge. Und trotzdem fällt der technische Fortschritt insgesamt beim „M“ am beeindruckendsten aus: Die neue Fahrwerksgeometrie reduziert die Karosseriebewegungen wirkungsvoller, vor allem das Eintauchen des Aufbaus. Neu ist auch, dass sich die elektronischen Dämpfer selbstständig an die Fahrbedingungen anpassen. In der Praxis bedeutet das gerade bei niedriger Geschwindigkeit einen echten Komfortgewinn. Ein wichtiges Sicherheitsplus ist zudem, dass der 456M GT sowie die Automatikversion erstmals über eine Antriebsschlupfregelung verfügen. Sie verhindert durchdrehende Räder, indem sie gezielt die Kraft zurücknimmt.

Trotz dieser Aufrüstung bleibt das große Coupé – wie schon seine Vorgänger – eine exklusive Rarität im Programm von Ferrari. Auch die bereits im Herbst 1997 begonnene Individualisierungsoffensive „Carrozzeria Scaglietti“ (siehe Seite 55) kann daran nichts ändern. Ein zweiter Versuch startet 2002 auf dem Genfer Autosalon, bei dem ein 456M GT Bicolore gezeigt wird. Zwar wird darauf verwiesen, dass es sich um ein Fahrzeug handelt, das speziell nach den Wünschen von Michael Schumacher gefertigt ist, doch letztlich wird es wie ein Sondermodell gehandelt. Wesentliches Merkmal ist, dass die A-, B- und C-Säulen sowie das Dach in einem dunkleren Grau als der Rest des Fahrzeugs gehalten sind. Doch nur wenige Interessenten lassen sich davon mitreißen und so läuft im Folgejahr die Produktion aus. Doch diesmal müssen die Kunden nicht so lange auf einen Nachfolger warten: Der 612 Scaglietti steht bereits bereit.

Irreführend: Auch wenn ab 1998 der Motor den Schriftzug 456M trägt, ist er identisch mit dem Aggregat aus dem 456 GT.

Retro: Die Zweifarb-Lackierung ist gegen Ende der Produktionszeit eine Option, die ganz Wenige wählen.

Ferrari 550 Maranello

Zurück nach vorne

Große Feste anlässlich neuer Modelle feiert man bei Ferrari in der Vergangenheit eher selten. Und wenn schon, dann auf Italienisch und vor allem in Italien. Doch im September 1984 – also noch zu Lebzeiten Enzo Ferraris – durchbricht das Unternehmen diese Gepflogenheit. Um die Ankunft des vor allem stilistisch bahnbrechenden Testarossa zu feiern, wählt man einen besonders exklusiven Rahmen. Weil die Veranstaltung am Vorabend des Pariser Autosalons stattfindet, fällt die Wahl schließlich auf das Lido. Im berühmten Pariser Revuetheater an der Avenue des Champs-Élysées feiern handverlesene Pressevertreter und Kunden die Ankunft des neuen Testarossa, der umringt von Tänzerinnen auf der Bühne präsentiert wird. Tags darauf debütiert der Testarossa offiziell auf der bedeutenden Automesse in Paris.

Klassische Anmutung: Die Gestalt des 550 Maranello erinnert an die erfolgreichen Ferrari-Sportwagen der 1960er-Jahre, allen voran der berühmte 365 GTB/4 „Daytona".

Als zwölf Jahre später die Ablösung der Baureihe ansteht, zieht Ferrari abermals alle Register. Erneut schaut sich die italienische Traditionsmarke außerhalb Italiens um und wird in Deutschland fündig: Ohne den Termindruck einer bevorstehenden Automesse wird kurzerhand die Grand-Prix-Strecke des Nürburgrings für das Wochenende vom 20.-21. Juli 1996 angemietet. Dass die Wahl auf „Germania" fällt, ist keineswegs ein Zufall. Denn seit Jahresbeginn arbeitet ein sehr populärer Deutscher bei Ferrari: Michael Schumacher.

Ihn bringen die Verantwortlichen genauso an die Eifel wie seinen Teamkollegen Eddie Irvine, die Ersatz- und Sportwagenfahrertruppe um Nicola Larini, Giancarlo Fisichella und Massimiliano Papis sowie die früheren Ferrari-Weltmeister Niki Lauda und Jody Scheckter. Sie alle haben die Aufgabe, mehrere hundert internationale Autojournalisten um den Ring zu chauffieren – natürlich im neuen 550 Maranello, der am Samstagvormittag bereits im Pressezentrum vorgestellt wird.

Längst hat sich zu diesem Zeitpunkt herumgesprochen, worüber Medien Monate vorher noch spekulieren und was erst kurz vor den „Ferrari Racing Days" offiziell wurde: Das neue Spitzenmodell von Ferrari besitzt wieder einen Frontmotor – so wie alle Modelle bis 1973. Als in jenem Jahr die Produktion des 365 GTB/4 „Daytona" ausläuft und der 365 GT/4 Berlinetta Boxer zur Spitze wird, scheint die Ära der Frontmotor-Sportwagen zu Ende zu gehen. Schließlich erobert das Mittelmotorkonzept kurz darauf auch die kleine 308-Baureihe und gilt längst im Motorsport als Nonplusultra. Einzig für den viersitzigen 365 GT/4 2+2

Harmonisches Design: Die Heckpartie ist weder überzogen noch langweilig – was für das gesamte Design des 550 Maranello zutrifft.

Markante Hutze: Am Lufteinlass auf der Motorhaube bleiben stets Blicke der Passanten hängen.

läuft der Countdown nicht: Weder seine Evolutionsstufen 400 und 412 noch sein Nachfolger, der 456 GT, trennen sich von der klassischen Bauform.

Beim 550 Maranello vollzieht Ferrari indes eine Kehrtwende. Statt wie beim Vorgänger, dem F512M (die letzte Evolutionsstufe des Testarossa), das V12-Triebwerk hinter der Fahrgastzelle zu platzieren, arbeitet es wieder vorne. Allerdings lässt man bei Ferrari nichts unversucht, das Aggregat so weit wie möglich nach hinten zu schieben. Trotzdem, der Bruch mit der jüngeren Vergangenheit ist unverkennbar, worauf auch Ferrari-Chef Luca di Montezemolo verweist: „Mit dem 550 Maranello bricht eine neue Ära an“. Doch um die treue Kundschaft nicht zu irritieren ergänzt er sicherheitshalber: „Das heißt jedoch nicht, dass die Epoche der Mittelmotor-Sportwagen zu Ende ist.“

Die technischen Konsequenzen sind dabei das eine, die stilistischen Auswirkungen das andere. Als Luca di Montezemolo bei anderer Gelegenheit nach den optisch am wenigsten attraktiven Ferrari-Modellen gefragt wird, zählt er – für viele überraschend – den Testarossa mit auf. Dabei wird gerade der spektakuläre Sportler mit seinen markanten seitlichen Kühlrippen in den 1980er-Jahren zum Inbegriff von Ferrari – und zum Erfolg.

Doch der Ferrari-Boss hat längst den Zeitgeist erkannt und philosophiert am Nürburgring: „Der 550 Maranello ist als Ferrari für das Jahr 2000 und darüber hinaus gedacht und im Grunde ein Kind seiner Zeit wie damals der Testarossa. Der klassische Frontmotor-GT steht vor einer großen Renaissance. Seine unbestrittenen Vorteile – besseres Platzangebot im Innenraum und im Gepäckabteil sowie leichterer Ein- und Ausstieg – stehen in Zukunft auch den Ferraristi zur Verfügung, die sich um der schieren Fahrleistungen willen dem eher unbequemen Testarossa zugewandt hatten."
Wie gering Montezemolo den Testarossa tatsächlich schätzt, zeigt sich in seinen fast schon despektierlichen Äußerungen, in dem er immer vom „Old Car" spricht. Dabei wirkt der „New Car" optisch bei weitem nicht so wegweisend, wie es der Mittelmotorrenner war. Er erscheint eher wie die logische Fortsetzung der „Daytona"-Linie: Lange Motorhaube, flache Silhouette und knapp geschneiderter Glaspavillon sind Merkmale, die schon 25-Jahre früher bei Sportwagen-Fans ankommen. Und selbst anno 1968 wundern sich die Fans: Warum bloß hält Ferrari so eisern an dem Antriebs-Layout fest?
Tatsächlich folgt in den 1970ern die Korrektur – beim 550 Maranello bleibt sie aus. Denn Luca die Montezemolo hat tatsächlich den richtigen Riecher. Zur Jahrtausendwende erlebt der klassische Frontmotor ei-

Modellübersicht

550 Maranello	
1996-2001:	5,5 l / 485 PS
550 Barchetta Pininfarina	
2000-2001:	5,5 l / 485 PS
575M Maranello	
2002-2006:	5,75 l / 515 PS
Superamerica	
2005-2006:	5,75 l / 540 PS

Neugestaltung: Das Cockpit des 550 Maranello orientiert sich nicht am 456 GT. Insgesamt gibt es mehr Elektronik an Bord.

Knappes Raumangebot: Der 550 Maranello ist ein Zweisitzer, dessen Dach sich eng um die Passagiere schmiegt. Hinter den Sitzen existiert noch eine Ablage.

Nur eine Wahl: Der 550 Maranello ist ausschließlich mit manuellem Getriebe erhältlich. F1-Schaltung oder Wandlerautomatik werden nicht angeboten.

nen Neuanfang: Aston Martin, Maserati, AMG-Mercedes und Bentley buhlen erfolgreich um die Gunst der Kunden. Außerdem – und auch das zeigt sich erst in den Folgejahren – eröffnet Ferrari dieser Schritt eine ganz neue Produktpositionierung. Bis dahin gilt, dass die V8- und V12-Baureihen sich lediglich durch die Zylinderzahl und eine mehr oder minder ausgeprägte Leistungsdifferenz unterscheiden. Weil die „Kleinen“ aber leichter und vor allem auch kompakter sind, können ambitionierte Fahrer die Differenz durchaus ausgleichen, die sich neben technischen Daten vor allem auch in einem saftigen Preisaufschlag zeigt. Doch weil sich der 550 Maranello als betont potenter, zugleich aber auch besonders gediegener Sportwagen gibt, der unverhohlen mit seinem Prestige kokettiert, darf plötzlich auch der V8-Kollege wieder deutlich zulegen: Erst der Wechsel auf den Frontmotor ermöglicht später Fahrzeuge wie den 360 Challenge Stradale oder den F430 Scuderia. Mühelos lassen sich ein Dutzend Details an der Karosserie finden, die als Reminiszenz an die große Ferrari-Vergangenheit gewertet werden können. Und trotzdem wirkt, abgesehen von den Proportionen, kein Fleckchen wie Retro-Design. Für Entzückung sorgen bei der Seitenansicht die beiden großen Entlüftungschlitze hinter den Vorderrädern und vor allem der kecke „Hüftschwung“ auf Höhe der B-Säule. Von vorne ist es die halb in der Motorhaube versenkte Lufthutze, die Begeisterung entfacht – mehr noch allerdings das perfekte Zusammenspiel dieses 250-GTO-Grußes mit dem modernen Frontdesign: Ellipsoidscheinwerfer, breiter und schmaler Grill und trotz der glatten Formgebung genügend klare Li-

GT-Sport mit V12-Ferrari

Historisches geleistet

Als 1999 der internationale GT-Sport auf neue Beine gestellt wird, fasst Promotor Stephane Ratel einen kühnen Entschluss: Um die neue Serie attraktiver zu machen, fördert er den Bau einer Rennversion des 550 Maranello bei Italtechnica. Das Fahrzeug bekommt zunächst die Bezeichnung 550 Millennio. In der Debütsaison 2000 ist der Renner allerdings wenig erfolgreich. Doch schon im Folgejahr bringen die britischen Rennwagenspezialisten von Prodrive eine eigene Entwicklung auf Basis des 550 Maranello an den Start, gewinnen zahlreiche Läufe und verpassen die 2002 Meisterschaft nur knapp. Die Revanche folgt 2003, als der „Prodrive-550“ die Szene beherrscht und die Meisterschaft gewinnt. Auch bei den 24 Stunden von Le Mans feiert Ferrari einen historischen Klassensieg – den ersten seit 1974. Noch im gleichen Jahr debütiert die Rennversion des 575M Maranello, der bei N.Technology aufgebaut wird und der den Namen 575 GTC (Bild) trägt. Seine Premiere gewinnt er souverän, um sich im Folgejahr dem „Altwagen“ geschlagen geben zu müssen. Das Projekt läuft Ende 2005 aus – schließlich wird die „Gruppe“ jetzt durch den Maserati MC12 vertreten.

nien, die für die notwenige visuelle Härte sorgen. Angesichts der großen Kühllufteinlässe ist der cW-Wert von 0,33 überraschend klein.

Auch dieser Ferrari kommt allerdings ohne große Flügel aus. Dafür ist er umso reichhaltiger mit anderen aerodynamischen Hilfsmitteln bestückt. Der Unterboden ist weitgehend verkleidet und kanalisiert die Luft. Am geschwungenen Heck, das sich zur Mitte hin erhöht, sorgt eine scharf gezogene Heckabrisskante für viel Abtrieb, die den 550 Maranello auch bei hoher Geschwindigkeit satt auf der Straße kleben lassen. In Kombination mit der hohen Achslast vorne definitiv ein Handling-Vorteil gegenüber dem Testarossa. Immerhin ruhen knapp 54 Prozent des Gewichts auf der Vorderachse.

Einmal mehr ist es natürlich Pininfarina, der für das Design verantwortlich ist. Anders als bei anderen Fahrzeugpräsentationen von Ferrari gerät Chef Sergio Pininfarina angesichts des Star-Aufgebots am Nürburgring allerdings etwas in den Hintergrund – was ihm mehr Zeit gibt, über Details zu plaudern. So verweist er stolz auf das vollständige und in der damaligen Zeit noch sehr ungewohnte Verschwinden der Scheibenwischen unter der Motorhaube: „Scheibenwischer empfinde ich als Designer als das störendste Element an einem Fahrzeug."

Während 456 GT und 550 Maranello stilistisch bis auf das Frontmotor-Layout wenig gemeinsam haben, fallen die Parallelen bei der Technik stärker aus – auch, wenn die Namensgebung versucht, das ein bisschen zu verschleiern. Die „550" ergeben sich nämlich nicht aus dem Hubraum, sondern sind ein Zehntel des Gesamtvolumens, nämlich 5,5 Liter. Die Bedeutung des „Maranello" ist indes offenkundig und läutet bei Ferrari die Phase lokaler Bezüge bei der Namensgebung ein: Modena, Fiorano und Italia folgen.

Erster offener V12-Ferrari seit dem „Daytona Spider": Der 550 Barchetta Pininfarina ist limitiert – ursprünglich auf 444 Exemplare, was auf Wunsch arabischer Märkte auf 448 Exemplare korrigiert wird. Optisch „herausragend" sind die beiden einzelnen Überrollbügel hinter den Sitzen.

Ein Meister und sein Werk: Sergio Pininfarina verleiht dem 550 Maranello eine klassische Linie, ohne dabei auf zeitgemäße Akzente zu verzichten.

Kraftpaket: Das Triebwerk des 550 Maranello ist eine Weiterentwicklung des Motors im 456 GT, behält allerdings trotz unterschiedlicher Bezeichnung den 5,5-Liter-Hubraum bei.

Beide V12-Frontmotorcoupés besitzen also 5.474 Liter Hubraum, weshalb der Neue auch gut als „456 Maranello" laufen könnte. Doch auch wenn in beiden Fahrzeugen die Eckdaten identisch sind, so kommt im 550 Maranello eine signifikante Weiterentwicklung des Triebwerks zum Einsatz. Auf augenscheinlichsten wird das bei der Leistung, die mit 485 PS nicht nur zehn Prozent höher ist, sondern auch erst bei sportlichen 7.000 Touren zur Verfügung steht (456 GT: 6.250 U/min). Nicht ganz so gravierend ist die Anhebung des maximalen Drehmoments, das von 550 auf 568 Newtonmeter klettert. Für dieses „Mehr" fährt Ferrari geballtes Formel-1-Wissen auf: Zylinderbuchsen aus Nikasil, Titanpleuel und variable Einlassgeometrie sind einige der Maßnahmen, die dem 550 Maranello seinen Vorsprung verleihen.

Gleichklang herrscht dagegen bei der übrigen Antriebseinheit. Auch der Neue besitzt eine Transaxle-Anordnung, bei der das Sechsganggetriebe mit dem Differenzial unmittelbar an der Hinterachse platziert ist. Doch um die signifikant bessere Traktion zu begründen, reicht Transaxle alleine nicht aus. Hier hilft nur noch Elektronik. So besitzt der 550 Maranello als erster Ferrari eine Traktionskontrolle, die Antriebsschlupfregelung (ASR). Im Zusammenspiel mit dem Antiblockiersystem und der elektronischen Bremskraftverteilung nimmt die ASR im Fall durchdrehender Hinterräder Kraft weg. Zwei wählbare Betriebsmodi – Normal und Sport – legen den Zeitpunkt es Eingriffs fest, der im Normalmodus natürlich früher erfolgt. Angesichts der gewaltigen Leistung des 550 Maranello ein durchaus sinnvoller Entschluss.

Trotz allem ist man bei Ferrari darum bemüht, das Spitzenmodell nicht weichspülen zu lassen: Die beste Performance erreiche der 550 Maranello immer noch dann, wenn er mit vollständig deaktiviertem ASR betrie-

Für die schönen Tage im Jahr: Das Notverdeck des 550 Barchetta Pininfarina trägt den Namen „Not" zurecht – ein aufwendig zu befestigendes Stoffverdeck mit Tempolimit.

ben würde. Seine Fabelzeit auf der hauseigenen Rennstrecke in Fiorano entsteht zum Beispiel auf diese Art. Dort nimmt er seinem mittelmotorgetriebenen Vorgänger F512M drei Sekunden ab, obwohl die winklige Strecke nicht gerade ideal für lange Frontmotorfahrzeuge ist. Seine Höchstgeschwindigkeit von 320 km/h kann der 550 Maranello dort jedenfalls nicht ausspielen – wohl aber seine Beschleunigung: mit 4,3 Sekunden setzt er Maßstäbe. Nicht so beim Preis: Zwar ist der 324.700 Euro teure 550 Maranello alles andere als ein Schnäppchen, doch explodiert auch nicht sein Preis, sondern er liegt in der Größenordnung seines Vorgängers F512M. Damit ist er rund 25.000 DM günstiger als der schwächere 456 GT.

Ein Blick in den Innenraum verrät allerdings, dass der 550 Maranello auch der modernere Wagen ist. Sieht man vom klassischen Element der offenen Schaltkulisse ab,

Pininfarina Rossa

Roter Sturm

Über Jahre hinweg erfüllt Stardesigner Pininfarina seine Aufgaben für Ferrari mit großer Hingabe und Gewissenhaftigkeit. An publikumswirksame Show-Cars wagt er sich nicht mehr, seit ihm mit dem Ferrari-basierten „Mythos" 1989 ein so großartiger Wurf gelingt, dass er seinen wichtigen Auftraggeber wegen reger Nachfrage in Bedrängnis bringt. Später entsteht daraus der Ferrari F50. Erst nach vielen Kleinwagenstudien auf Basis anderer Marken kommt zum 70. Firmenjubiläum doch wieder Ferrari an die Reihe: Mit dem Wohlwollen aus Maranello entsteht im Jahr 2000 für den (rückwirkend betrachtet) letzten Turiner Autosalon der Prototyp Rossa – der Rote. Er basiert auf dem Ferrari 550 Maranello, dessen Technik ohne Modifikationen übernommen wird. Offiziell sieht Pininfarina das Einzelstück als Transfer der stilistischen Merkmale des 1950er-Jahre-Ferrari Testa Rossa in die Zukunft. Tatsächlich sind im Front- und vor allem im vorderen Seitenbereich die Parallelen unverkennbar. Doch der Pininfarina Rossa gibt auch einen Ausblick auf kommende Modelle – weniger auf den noch im gleichen Jahr erscheinenden Ferrari 550 Barchetta Pininfarina, sondern eher auf Details. So besitzt der Rossa bereits jene dreidimensionalen Rückleuchten, die später ab dem Enzo viele Ferrari schmücken.

Über Generationen hinweg: Schon die ersten Ferrari haben einen Zwölfzylindermotor (im Bild rechts ein 195 Inter von 1950). Daran halten später auch die Mittelmotorfahrzeuge fest (im Bild ganz rechts ein F512M von 1994).

V12-Motoren von Ferrari

Vieles macht Ferrari außergewöhnlich. Dazu gehört auch die Motorenphilosophie der Zwölfzylindertriebwerke: Kein anderer Hersteller kann auf eine so lange und durchgängige Zwölfzylindergeschichte blicken wie Ferrari. Schon das allererste Modell besitzt einen V12-Motor, die Fahrzeuge der boomenden 1960er-Jahre erst recht. Auch die Ölkrise der 1970er kann dem Dutzend nichts anhaben, ebenso die verschärften Abgasbestimmungen der 1980er-Jahre. Auch heute, ungeachtet aller Downsizing-Überlegungen, sind sie fester Bestandteil des Ferrari-Programms.

Der erste Ferrari, der 125 Sport, ist eine Renn-Barchetta. Zwei Jahre nach Ende des Zweiten Weltkriegs ist es alles andere als normal, dass der Sportwagen mit einem Zwölfzylindertriebwerk ausgestattet ist. Geradezu aberwitzig mutet es dagegen aus heutiger Sicht an, dass der Motor gerade einmal 1,5 Liter Hubraum besitzt – eine Größenordnung, die heute drei bis vier Zylinder vorsieht. Jeder Brennraum misst lächerlich kleine 125 Kubikzentimeter. Dieses Maß bringt nicht nur dem 125 Sport seine Ziffernfolge ein, sondern vielen weiteren Modellen in Zukunft. 72 PS bei 5.600 Umdrehungen verkündet man bei Ferrari damals stolz. Heute muss es mindestens das Fünffache sein.

Durch Variation von Bohrung und Hub entsteht alsbald eine Vielfalt neuer Triebwerke. Noch im gleichen Jahr langt es zum „166", der entsprechend einen Gesamthubraum von 2,0 Liter vorweist. Die Leistungen der jeweiligen Ausführungen schwanken zwischen 90 und 140 PS. Viel stärker wird das Aggregat auch nicht, als die Bohrung verlängert wird und mit 2,34 Litern Hubraum die Serie „195" beginnt. Die weitere Evolution erstreckt sich bis Mitte der 1950er-Jahre hinein als „212" (2,56 Liter Hubraum) und „225" (2,7 Liter Hubraum). Parallel dazu verhilft die weitgehend eigenständige Motorserie „340" (4,1 Liter) Ferrari erstmals zum Sprung in die hubraumstarke Liga.

1953 wird „250" zur Zauberzahl bei Ferrari, die mehr als ein Jahrzehnt lang alles bestimmt. Genau genommen sind es zwei Triebwerke – das Langblockaggregat von Ingenieur Aurelio Lampredi und die Kurzblockvariante von Ingenieur Gioacchino Colombo – deren Hubraum 2.963 und 2.953 Kubikzentimeter betragen und mehr als ein Dutzend verschiedener Modelle antreiben. In den 1960er-Jahren entstehen „275" (3,3 Liter Hubraum) und „330" (4,0 Liter Hubraum). Daneben gibt es mit dem „400" (4,0 Liter Hubraum) erstmals eine V12-Motorreihe, bei der sich der Gesamthubraum nicht durch Multiplikation mit zwölf ergibt.

Mitte der 1960er-Jahre tritt ein neues Triebwerkskürzel einen „Siegeszug" an: „365", aus dem sich in gewohnter Manier der Gesamthubraum von 4,4 Litern errechnen lässt. Das Triebwerk besitzt ein

Legendär: Zu den berühmtesten V12-Ferrari gehört der 365 GTB/4 von 1969, der von Fans auch Daytona genannt wird (unten). Alle Ferrari bis Ende der 1970er-Jahre faszinieren auch durch das „Schlürfgeräusch" der Vergaser (ganz rechts).

Leistungsspektrum von 320 bis 352 PS und arbeitet in Fahrzeugen wie dem 365 GTB/4 „Daytona“ oder 365 GT California. Es basiert auf dem Motor von Colombo, dem über viele Modifikationen hinweg ein außergewöhnlich langes Leben beschieden ist: Nach einer neuerlichen Hubraumanhebung auf „400“ (4,8 Liter) und „412“ (5,0 Liter) bleibt es bis Ende 1989 im Programm von Ferrari. Zehn Jahre zuvor bekommt es sogar eine Benzineinspritzung spendiert.

Anfang der 1970er-Jahre stellt Ferrari ein Triebwerk vor, das zwar ebenfalls das Kürzel „365“ nutzt, aber ganz anderer Machart ist: Es ist der 180-Grad-Flachmotor des 365 GT/4 Berlinetta Boxer. Als er 1976 ein Update erfährt und auf 5,0 Liter Hubraum erweitert wird, weicht Ferrari von der gewohnten Nomenklatur ab und verwendet 512 (5,0 Liter Hubraum und zwölf Zylinder). Dieses Triebwerk kommt bis 1984 zum Einsatz, bevor es durch ein völlig neues, aber ähnlich dimensioniertes Triebwerk ersetzt wird: der Testarossa-Motor. Dieser findet in Leistungsstufen zwischen 390 und 440 PS bis 1996 Verwendung.

Eine Rarität bleibt indes der F50 – nicht nur wegen seiner geringen Stückzahl, sondern weil er ein eigenständiges V12-Triebwerk mit 4,7 Litern Hubraum und 510 PS spendiert bekommt.

Erkennungszeichen: Im 575M Maranello sind alle Leuchten gebündelt. Die Scheinwerfer im Kühlergrill, über die noch der 550 Maranello verfügt, entfallen.

übernimmt er praktisch nichts vom 456 GT. Bei der Instrumentierung sowie der Sitz- und Bedienergonomie ist er einen Schritt voraus. So überrascht es nicht, dass sich der 550 Maranello zum großen Erfolg entwickelt, der seinen viertürigen Halbbruder bald in den Schatten stellt.

Vier Jahre produziert Ferrari den 550 Maranello und sieht sich in dieser Zeit immer wieder mit einer Frage konfrontiert: Wie steht es mit einem Cabriolet? Der Gedanke ist keineswegs abwegig, denn seit Mitte der 1990er-Jahre boomen offene Sportwagen. Doch das Grundkonzept des V12-Renners kennt diese Option nicht.

Doch Ferrari-Chef Montezemolo ist fasziniert von der Idee und findet schließlich eine Lösung: Er streicht die Bedingung des vertretbaren Aufwands, macht aus dem angepeilten Roadster eine limitierte Edition und kann es sich folglich erlauben, den Preis in die Höhe schießen zu lassen. 430.000 DM sind zu diesem Zeitpunkt immerhin über 50.000 DM mehr, als für das Coupé berechnet wird. Doch andererseits ist das Gebotene auch weit mehr, als nur ein aufgeschlitzter 550 Maranello: Es ist ein Kunstwerk, das den Namen seines Meisters trägt.

Entwicklungsschritt: Das Update vom „550" zum „575" macht aus dem Frontmotor-Sportwagen eine High-Performance-Maschine.

„Ich habe Sergio Pininfarina anlässlich seines 70. Geburtstags gebeten, für Ferrari einen offenen Zwölfzylinder zu entwerfen. Einen mit klassischem Charakter, also mit vorne liegendem Motor, einem offenen Zwölfzylinder, der an die unvergessenen Straßenrennen und die großen Fahrzeuge vergangener Zeiten erinnert", erläutert Luca di Montezemolo und ergänzt: „Das Ergebnis ist so gelungen, dass wir das Fahrzeug zu seinen Ehren 550 Barchetta Pininfarina nennen."

Dabei ist der Begriff Barchetta – zu Deutsch: kleines Boot – eine gelinde Untertreibung, auch wenn viele Ferrari der 1950er-Jahre diesem Konzept folgen: Mit einer Länge von gut 4,5 Metern ist der Wagen weit davon entfernt, ein kleines Boot zu sein. Doch der Begeisterung der Kunden tut das keinen Abbruch. Noch bevor sie das Auto richtig sehen können, ist praktisch die komplette Auflage von 448 Exemplaren verkauft. Vielleicht ist das auch gut so, denn ganz unkritisch sind einige Detaillösungen des Designs nicht. Knackpunkt Nummer eins ist das Notverdeck, ein Notverdeck im klassischen Sinn: Wer nicht unbedingt muss, vermeidet das manuell zu montierende und nicht einfach vorzuklappende Dach. Selbst mit Routine ist seine Befestigung selten unter fünf Minuten zu erledigen und erfordert idealerweise die Mithilfe einer zweiten Person.

Doch nicht nur die Montage ist gewagt, sondern vor allem auch die Optik. Während von vorne betrachtet sich das Verdeck in typischer Porsche-Speedster-Manier über den Innenraum spannt und von oben auf den Windschutzscheibenrahmen greift, fällt das Dach abrupt hinter der Fahrgastzelle senkrecht ab. Das ist gewöhnungsbedürftig,

Ferrari 575 GTZ Zagato

Japanischer Einfluss

Die große Ära der Karosserie-Künstler ist in den 1930er- bis 1950er-Jahren. In dieser Zeit fertigen die exklusiven Automobilhersteller nur Fahrgestelle mit Motoren, die dann nach individuellen Kundenwünschen bei Karosseriebauern „eingekleidet" werden. Doch die zunehmende Massenmobilisierung lässt diese Art des Fahrzeugbaus aussterben. Nur wenige Karosserie-Spezialisten überleben, die sich fortan als Design-, Entwicklungs- oder Produktiondienstleister betätigen. Einer von ihnen ist die Carrozzeria Zagato. Sie fertigt erstmals 1950 eine Karosserie für einen Ferrari. 1956 folgt mit dem 250 GT ein Meilenstein: Das Auto, das genau fünfmal entsteht, besitzt zwei „Beulen" auf dem Dach – Double Bouble genannt. Dieses Stilelement und der Wunsch, eine moderne Ferrari-Rarität zu besitzen, bewegt den japanischen Ferrari-Sammler Yoshiyuki Hayashi, bei Zagato nach einer Neu-Interpretation des Konzepts nachzufragen. So entsteht 2006 der 575 GTZ mit Zustimmung von Ferrari. Er basiert auf dem 575M Maranello mit F1-Schaltung, erhält aber eine von Zagato stark veränderte Karosserie – natürlich mit dem Double Bouble und vielen weiteren Reminiszenzen. Zunächst plant Zagato eine Kleinserie von fünf Exemplaren, was letztlich aber nicht umgesetzt wird.

doch in der Praxis bleibt diese Zeit der Eingewöhnung nicht: Käufer des 550 Barchetta Pininfarina haben zumeist genügend andere Ferrari-Alternativen in ihrer Garage, um diesen lediglich als Schönwetterauto zu benutzen. Damit fällt auch nur selten auf, dass Ferrari die Benutzung des Verdecks mit einem Speedlimit belegt: Schneller als 120 km/h darf niemand sein!

Nur einen gravierenden Vorteil hat die Verdecklösung, der dafür umso schwerer wiegt: die Gewichtseinsparung. Denn damit aus dem 550 Maranello der 550 Barchetta Pininfarina wird, muss Ferrari an zahlreichen Stellen den Rahmen und die Karosserie verstärken, um genügend Stabilität zu erzielen. Müsste dann noch das Dach dazugepackt werden, wäre der Anspruch „Barchetta“ endgültig futsch. So schaffen es die Ferrari-Techniker schließlich, das Gewicht des 550 Barchetta Pininfarina mit 1.690 Kilogramm exakt auf dem Gewicht des Coupés zu halten. Weil sich auf antriebstechnischer Seite gar nichts ändert, erreicht der Offene mit 4,4 Sekunden auch nahezu das Sprintvermögen des Geschlossenen auf Tempo 100. Wegen der schlechteren Aerodynamik fällt allerdings die Höchstgeschwindigkeit des 550 Barchetta Pininfarina mit 300 km/h signifikant niedriger aus.

Ohnehin sind das eher theoretische Größenordnungen, denn beim Offenfahren gibt sich das Fahrzeug ganz als Barchetta klassischer Schule: Man spürt die Luft, den Wind und die gesamte Umgebung. Zum Ausgleich spendiert Ferrari jedem Käufer zwei original Ferrari-Jethelme, mit denen jedoch auf öffentlichen Straßen niemand unterwegs sein will. Letztlich zeigt sich, dass der Frontmotorrenner nicht wirklich nach den Ansprüchen moderner Cabriofahrer konzipiert ist. Die Strömung kommt von allen Seiten und ist manchmal sogar noch durch die heiße Abluft der seitlichen Entlüftungsschlitze angereichert. Überraschend wenig kommt dabei direkt über die Windschutzscheibe, obwohl diese im Vergleich zum Coupé um rund zehn Zentimeter abgesenkt ist, was zugegebenermaßen den Wagen noch dynamischer wirken lässt. Notwendiges Sicherheitsübel sind dagegen die beiden einzelnen Überrollbügel, die sogar die Windschutzscheibe überragen. Im Ver-

Kein sicherer Hinweis: Nicht alle Fahrzeuge tragen das Kürzel 575M.

Ohne Schaltknauf: Im 575M Maranello gibt es erstmals die F1-Schaltung in einem V12-Ferrari.

Keine Zurückhaltung: Selbst in dezentem Grau gelingt es dem 575M Maranello nicht, seine Dynamik optisch zu kaschieren.

Fast am Limit: Mit 5,75 Litern Hubraum hat der V12-Motor sein Maximum erreicht. 515 PS stellen aber noch nicht seine absolute Spitze dar, denn Superamerica und 612 Scaglietti leisten 540 PS.

gleich dazu fallen die beiden Höcker auf der Kofferraumhaube äußerst bescheiden aus. Sie sind eine stilistische Reminiszenz an die Renn-Barchettas von einst.

Offiziell stellt Ferrari den 550 Barchetta Pininfarina auf dem Pariser Autosalon im Herbst 2000 vor und startet im Folgejahr die Auslieferung. Diese ist gerade abgeschlossen als bereits der nächste große Schritt auf die Baureihe wartet: Eine Modellüberarbeitung steht an. Sie wird im Januar 2002 parallel zur Vorstellung des neuen Formel-1-Ferrari, dem F2002, präsentiert. Und wie auch beim 456 GT greift man bei Ferrari zum magischem „M“: Gleichwohl offenbart das vorständige Kürzel 575M Maranello, dass sich die Weiterentwicklung diesmal auch auf den Antrieb bezieht. Das „575“ bezeichnet dabei in gleicher Logik wie das „550“ ein Zehntel des Gesamthubraums, der nun 5.748 Kubikzentimeter beträgt.

Für diese Hubraumerhöhung muss sich Ferrari allerdings ganz schön ins Zeug legen und fast bis an die Reserven des Triebwerks gehen. Doch seit der Vorstellung des 550 Maranello hat sich der Wettbewerb unter den Top-Sportwagen so sehr verschärft, dass Ferrari dringend nachrüsten muss. Die Bohrung wird um einen Millimeter vergrößert, der Hub wächst um zwei Millimeter. Dazu steigt die Verdichtung von 10,8:1 auf 11,1:1, während der gesamte Ansaugbereich tiefgreifend überarbeitet wird. Resultat dieser Mühen sind 515 PS, womit er fast das Niveau des bis 1997 gebauten Supersportwagens F50 mit 520 PS erreicht. Auf dem Papier wirkt der Leistungszuwachs von 30 PS gegenüber dem 550 Maranello sowie das um 20 Newtonmeter gestiegene Drehmoment eher geringfügig – in der Praxis ist es allerdings ein gewaltiger Schritt: Denn der 575M Maranello fährt sich nun so, wie es sein Datenblatt verspricht – einschließlich der postulierten Höchstgeschwindigkeit von 325 km/h. Der Sprung vom 550 Maranello ist daher viel größer als es zunächst den Anschein hat.

Doch noch in einem ganz anderen Punkt beginnt mit den 575M Maranello eine neue Zeitenrechnung für die V12-Ferrari: Erstmals ist er mit der sequenziellen Wippenschaltung F1 erhältlich, die 1997 im F355 debütiert und 1999 im 360 Modena perfektioniert wird (Funktionsweise siehe 360 Modena). Kurz nach Einführung des Euro als Zahlungsmittel scheint der sich der Aufpreis für dieses Extra noch in Grenzen zu halten: 8.000 Euro sind dafür zu zahlen, zuzüglich den 188.000 Euro für den „Basis-575“. Die Kunden werden damit vor eine schwierige Wahl gestellt: Entweder die klassische offene Schaltkulisse mit ihrem wunderbaren „Klack, klack“ oder die neumodi-

Könnte auch anders heißen: Hätte der Superamerica nicht seinen klangvollen Namen – Maranello GTS würde auch gut zu ihm passen, ist er doch eine perfekte Neuinterpretation des alten GTS-Gedankens.

sche F1-Schaltung. Nicht wenige Interessenten sind sich zunächst sicher, das konventionelle Sechsganggetriebe haben zu wollen, werden aber beim Blick aufs Datenblatt unsicher: Als erster Ferrari überhaupt erzielt die F1-Version bessere Beschleunigungswerte – 4,2 statt 4,3 Sekunden bis 100 km/h. Im Alltag ist das irrelevant, doch was zählt ist die theoretische Performance. Beeinflusst wird die Entscheidung in der Folgezeit auch dadurch, dass der neue Supersportwagen Enzo ausschließlich mit der Wippenschaltung ausgestattet ist. So verwundert es nicht, dass sich der größte Teil der Käufer für das sequenzielle Getriebe entscheidet.

Wie wichtig das Thema Performance ist, zeigt sich in einer kleinen Zusatzfunktion der F1-Schaltung, die ausschließlich dem 575M Maranello vorbehalten ist: die Starthilfe, im Formel-1-Slang als „Launch Control" bezeichnet. Ist sie aktiviert, kann beim stehenden Start Vollgas gegeben werden, ohne dass die Räder durchdrehen oder die ASR-Regelung zu hart eingreift. Wem generell die Schaltgeschwindigkeit am Herzen liegt, drückt die Taste „Sport". Dadurch reißen die Aktuatoren des Getriebes die Gänge noch schneller durch. Dass der Automatikmodus dagegen nur der Vollständigkeit wegen an Bord ist, versteht sich von selbst: Er hat wenig mit Fahrkomfort zu tun. Dagegen zeigt die Sport-Taste noch an einer anderen Stelle Wirkung: beim Fahrwerk. Sie strafft die Dämpfer auf ein Niveau, das man auf Rennstrecken liebt, auf Landstraßen dagegen als zu hart empfunden wird – vor allem bei geringerer Geschwindigkeit.

So deutlich der 575M Maranello technisch zugelegt hat, so dezent dokumentiert er den Fortschritt äußerlich: Der Kühlergrill wird größer, die Scheinwerfer sind gruppiert, der Größe nach aufgereiht und in eine in Wa-

Klar zu erkennen: Selbst wer das Klappdach nicht sieht, erkennt den Superamerica an dem fehlenden hinteren Seitenfenster.

Mit den besten Grüßen von der Rennstrecke: Das GTC-Handlingpaket ist teuer, macht aber das Fahrerlebnis im 575M Maranello noch intensiver.

genfarbe lackierte Einfassung gesteckt, ein 575M-Schriftzug ist am Heck befestigt sowie der Getriebeöl-Kühleinlass vergrößert – allesamt Änderungen, die nur hartgesottenen Ferrari-Fans auffallen. Zumindest Fahrern eines 550 Maranello fällt dagegen sofort das neu gestaltete Cockpit auf: In der F1-Version fehlt der Schaltstock, während dafür hinter dem Lenkrad Schaltwippen platziert sind. Vor allem sind aber die Instrumente völlig neu, in deren Mitte nun der Drehzahlmesser thront, der zur Verzückung des Betrachters bis 10.000 U/min reicht. Nachdem die Öffentlichkeit den 575M Maranello auf dem Genfer Salon 2002 zu sehen kriegt, kommt die Serienproduktion schnell auf Touren. Um dem Zweisitzer ein noch sportlicheres Profil zu verleihen, erscheint nach der Vorstellung des 612 Scaglietti im Frühjahr 2004 das GTC-Handlingpaket, in dessen Zusammenhang bisweilen vom 575 GTC gesprochen wird (eigentlich die Bezeichnung für die Rennversion). Zum Preis von 22.620 Euro erhalten die Kunden zwar nicht mehr Leistung, aber immerhin ein reinrassiges Rennfahrwerk. Es macht den Wagen in Fiorano um 1,5 Sekunden schneller, wozu vor allem auch die weichen Pirelli-Reifen – jetzt 19 statt 18 Zoll groß – beitragen. Das Fahrwerks-Setup ist straffer, aber weiterhin verstellbar. Doch es sind vor allem die Bremsen, die den Fortschritt dokumentieren: Sie sind erstmals aus Keramik-Verbundwerkstoff und greifen so bissig zu, dass eine gewisse fahrerische Umstellung nötig ist.

Ferrari GG50 Giugiaro

Als Shootingbrake der Zeit voraus?

Zu den international renommiertesten Automobildesignern zählt zweifelsohne Giorgetto Giugiaro. Seiner Kreativität entstammen Fahrzeuge wie Maserati Ghibli und BMW M1, aber auch VW Golf (I) und VW Scirocco (I). Trotzdem kommt es nie zu einer Verbindung zu Ferrari. Einzig in seiner beruflichen Frühzeit, als er für das Designbüro von Bertone arbeitet, wird ein 250 GT mit einer von ihm entworfenen Karosserie eingekleidet, wobei das Design offiziell als von Bertone stammend ausgewiesen wird. Dass es nicht zu mehr Berührungspunkten kommt, liegt daran, dass Enzo Ferrari just in dieser Zeit Pininfarina zum Lieblingsdesigner macht. Über Umwege gelangt Giugiaro, der sich 1967 mit seinem Studio Italdesign selbstständig macht, wieder in Kontakt zu Ferrari: Giugiaro arbeitet für Maserati, als die Marke von Ferrari übernommen wird. Vielleicht ist es eine Art Trostpreis, weil er schließlich auch dort von Pininfarina verdrängt wird, dass der Designer zu seinem 50. Arbeitsjubiläum ein Concept-Car auf Basis eines Ferrari entwickeln darf. So entsteht für die Tokio Motorshow 2005 der GG50, wobei das 50 für das Jubiläum, nicht für den Ferrari 550 steht. Schließlich basiert der Entwurf auf dem 612 Scaglietti, den Giugiaro zu einem Shootingbrake, einem Zweitürer mit Heckklappe, umbaut. Neben dieser überrascht der GG50 unter anderm durch eine frontseitig anschlagende Motorhaube, wobei die Technik unverändert bleibt.

Mindestens genauso innovativ ist jenes Modell, das Ferrari offiziell zu Jahresbeginn 2005 auf den US-Automessen in Detroit und Los Angeles vorstellt. Der Ort der Präsentation ist mit Bedacht gewählt, doch diesmal nicht nur, weil Nordamerika der wichtigste Markt für Ferrari ist – nein, es gehört sich einfach, ein Fahrzeug namens Superamerica jenseits des Atlantiks vorzustellen. Die Bezeichnung greift einen alten Zusatz auf, der schon 40 Jahre früher bei Ferrari zum Einsatz kommt. Nach dem 550 Barchetta Pininfarina ist der Superamerica (seine Bezeichnung ist ohne „575M") der zweite Versuch von Ferrari, einen offenen Frontmotor-Sportwagen zu platzieren. Und diesmal gelingt es noch besser. Die angekündigten 559 Exemplare zum Preis von 234.100 Euro sind binnen weniger Tage ausverkauft. Warum? Vor allem, weil der Superamerica ein äußerst ungewöhnliches Bauteil verfügt: ein Klappdach.

Im Grunde ist das Fahrzeug ein Targa, bei Ferrari einst als GTS bezeichnet, bei dem die B/C-Säule erhalten bleibt. Das Dach aus Carbon-Glas-Verbund dreht sich um eine Achse auf Höhe der B-Säule und klappt dadurch so auf, dass es in der Verlängerung des Kofferraumdeckels (der weiterhin zu öffnen ist) zu liegen kommt – dann natürlich mit der Interieur-zugewandten Seite nach oben. Lediglich sieben Sekunden dauert die Prozedur, die vom Turiner Ingenieurbüro Fioravanti entwickelt wurde. Weil der Ansatz so unkonventionell ist und nur 60 Kilogramm Mehrgewicht bedeutet, rückt er den Superamerica auch nicht in die Image-Nähe komfortorientierter Luxus-Roadster mit versenkbarem Metalldach.

Außerdem weiß der neue Ferrari-Roadster durch ein weiteres serienmäßiges Extra zu verblüffen: Das Dach ist zusätzlich elektrochromatisch, kann also auf Kopfdruck – letztlich mittels Strom – seine Transparenz verändern. Fünf verschiedene Abstufungen bietet Ferrari, von taghell (40 Prozent Lichtdurchlässigkeit) bis quasi ganz dunkel. Der Wechsel vollzieht sich in 60 Sekunden. Lediglich 4,2 Sekunden benötigt der Superamerica indes, um Tempo 100 zu erreichen. Dass er trotz des, wenn auch nur geringen Mehrgewichts so schnell ist, verdankt er dem Triebwerk des 612 Scaglietti. Mit 540 PS ist er dem 575M Maranello um 25 PS überlegen, was das Mehrgewicht locker kompensiert. Wer „bissiger" unterwegs sein will, kann zusätzlich das GTC-Handlingpaket bestellen – eine Option, die aber nicht so recht zu dem coolen Superamerica passen mag. Dafür ist es der Veranstaltungsort der Pressevorstellung um so mehr: Monaco. Doch schon zum Zeitpunkt dieses Events ist klar, dass es mit der gesamten Baureihe zu Ende geht. Die letzten Exemplare verlassen Anfang 2006 Maranello und weichen dem 599 GTB Fiorano.

Faszinierend: Der Verdeckmechanismus des Superamerica ist einzigartig und revolutionär.

Variabel: Das elektrochromatische Dach kann auf Knopfdruck in mehreren Stufen abgedunkelt werden.

Start in die Zukunft

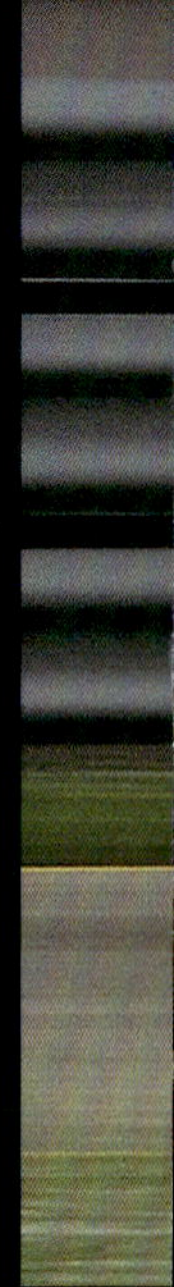

Ferrari-Fahrzeuge mit V8-Motor sind längst etabliert, als 1989 auf der IAA der 348 tb und der 348 ts vorgestellt werden. Stilistisch sind sie ein Meilenstein, nähern sie sich doch in bemerkenswerter Weise dem erfolgreichen Testarossa an, ohne diesen zu kopieren. Die Begeisterung ist groß, doch die Ernüchterung auch: Auf dem Höhepunkt des ersten Ferrari-Booms sind Lieferzeiten von bis zu zwei Jahren keine Seltenheit. Entsprechend blüht der Handel mit Kaufverträgen, für die satte Aufpreise fällig sind – vor allem dann, wenn in ihnen konkrete Ausliefertermine genannt sind. Doch wie so oft, wenn Spekulation im Spiel ist, platzt die „Blase“ letztendlich.

Auf eine marginale Modellüberarbeitung zur IAA 1993 (348 GTB und 348 GTS) folgt bereits Mitte 1994 der F355, der in den Ausführungen Berlinetta (Coupé), GTS und Spider erhältlich ist. Er ist nicht nur erheblich stärker, sondern wirkt auch stilistisch wie ein Neuanfang. So fehlen vor allem die seitlichen Kühlrippen und die Lamellen vor den Heckleuchten, wodurch er sich signifikant vom 348 unterscheidet.

Das Problem ist nur: In ihm steckt nicht so viel Fortschritt, wie man ihm angesichts der veränderten Optik zutrauen und es aufgrund des ungleich besseren Fahrverhaltens erwarten würde. Denn in Wahrheit ist der F355 nur ein aufgefrischter 348, für dessen Präsentation Ferrari noch nicht einmal einen Messeauftritt organisiert.

Damit steigt für Ferrari Mitte der 1990er-Jahre der Druck bei der Entwicklung des F355-Nachfolgers. Gerade der elektronische Fortschritt geht zunächst am F355 fast völlig spurlos vorüber.

Der Nachfolger schleicht zunächst heimlich um die Häuser von Maranello. Denn obwohl Ferrari 1995 ein Entwicklungs- und Erprobungsprogramm in bislang ungekannter Größe auflegt, bekommen Erlkönigjäger nur selten die Prototypen zu sehen. Dabei sind es insgesamt gleich 15 Fahrzeuge, die Ferrari gut getarnt auf die Straße bringt. Zusätzlich schnallt Ferrari 28 Motoren auf den Prüfstand, die zusammen 25.000 Stunden laufen. Doch nicht nur Leistung und Zuverlässigkeit machen Ferrari zukunftsfähig, auch die Sicherheit: Gleich 18 Crashtests absolviert Ferrari mit dem F355-Nachfolger.

Weil es vorab kaum brauchbare Skizzen oder Fotos gibt, ist der Aha-Effekt um so

Mit Vollgas: Der 360 Modena beweist seine aerodynamischen Qualitäten mit einem hohen Anpressdruck bei großer Geschwindigkeit.

Fortschrittlich: Das Heck des 360 Modena beherbergt erstmals einen ausgeprägten aerodynamischen Diffusor.

größer, als Anfang März 1999 der neue Ferrari auf dem Genfer Autosalon vorgesellt wird. Viele Fans sind von seinen Abmessungen überrascht, vom Gesamtkonzept verwundert und von Details des Designs schockiert. Zunächst stößt nur der Name einhellig auf Zustimmung: 360 Modena – nach 550 Maranello der zweite Ferrari mit Ortsbezug.

Vom ersten öffentlichen Auftritt an stehen das Design und das stilistische Gesamtkonzept im Mittelpunkt der Diskussionen. Alleine schon mit seinen Außenabmessungen ist der 360 Modena ein gewaltiger Sprung vom F355 – erst recht aber in Bezug auf die gesamte V8-Entwicklungshistorie. Die längst legendären Ferrari 308 aus den 1970er- und 1980er-Jahren, die spätestens seit der Ausstrahlung der US-Fernsehserie „Magnum" einem breiteren Publikum bekannt sind, sind zierliche, fast filigrane Sportwagen, deren Revier enge, verwinkelte Landstraßen sind.

Der 360 Modena ist dagegen über 1,90 Meter breit, signifikant länger und auch höher. Sein Radstand misst 2,60 Meter, deutlich mehr als frühere V8-Ferrari aufweisen. Doch es ist nicht alleine dieses Wachstum, das bei eingefleischten Fans für Verwunderung sorgt. Es ist – für einen Ferrari ungewöhnlich – das Design selbst. Es stammt, wie könnte es auch anders sein, von Pininfarina. In seiner Gesamtheit betrachtet fällt vor allem auf, wie glattflächig es ist. Auf der gesamten Karosserie finden sich kaum Sicken und Kanten.

Zeitgleich zur Premiere auf dem Messestand von Ferrari auf dem Genfer Autosalon ist der 360 Modena auch auf dem Stand von Pininfarina geparkt – ein Zeichen, wie eng verwoben beide Unternehmen sind und wie wichtig Ferrari die Zusammenarbeit mit dem Stardesigner-Team ist. Doch an so manchem Detail lässt sich klar erkennen, dass im Fall des neuen V8-Ferrari die Rolle von Pininfarina kleiner ist: Während entsprechende Druckerzeugnisse wie Prospekte und Pressemappen üblicherweise Pininfarinas Leistungen über Gebühr herausstreichen, beschränken sich die Ausführungen jetzt auf ein paar allgemeine Floskeln – und auf Hinweise, welches Designelement ein Zitat von welchem Ferrari-Modell ist.

Und wirklich: Pininfarina hat bei der Gestaltung mächtig Konkurrenz. Es sind die Aerodynamiker von Ferrari, der mehr als bei jedem anderen Modell zuvor die Kraft der Luft nutzen wollen. „Forms follows function" steht deshalb beim 360 Modena im Lastenheft. Welch fundamentale Rolle die Aerodynamik tatsächlich spielt, zeigt sich in der Entwicklungsbilanz: 5.400 Stun-

Modellübersicht

360 Modena	
1999-2004:	3,6 l / 400 PS
360 Spider	
2000-2004:	3,6 l / 400 PS
360 Challenge Stradale	
2003-2004:	3,6 l / 425 PS

den bringen der „360“ und alle seine Prototypen im sündhaft teuren Windkanal zu, den Ferrari zu dieser Zeit noch anmieten muss. Schlagartig erscheint damit die Gestalt des 360 Modena in einem anderen Licht. Am augenscheinlichsten ist natürlich, dass wie bisher große Flügel und freistehende Spoiler fehlen – schließlich ist das die zentrale Stilvorgabe, die Luca di Montezemolo seit Jahren an die Designer ausgibt.

Geradezu raffiniert erscheint vor diesem Hintergrund die Verwendung der beiden Frontkühler. Sie sind nicht nur stilistisch im Detail besser gelöst als beim zwei Jahre später erscheinenden Porsche 911 Turbo, sondern sorgen für maximale Kühlleistung – was angesichts der Vorgabe zu Alltagstauglichkeit und Langlebigkeit ein wichtiger Faktor ist. Doch der eigentliche Clou der beiden Radiatoren ist der Bereich, der zwischen ihnen liegt. Ihn nutzt Ferrari, um den Luftstrom konsequent zu kanalisieren und damit einer typischen Rennsporterrungenschaft zu folgen.

So strömt die Luft bei hoher Geschwindigkeit unterhalb des Frontnummernschilds gezielt unter das Fahrzeug. Dort wird sie mit Hilfe eines voll verkleideten Unterbodens mit Längsstreben kanalisiert, bevor sie am Heck austritt – allerdings nicht irgendwie, sondern über zwei mächtige aerodynamische Diffusoren. Sie nutzen den in der Formel 1 erprobten Effekt, Luftströme zu beschleunigen und damit Anpressdruck zu generieren. Je schneller das Fahrzeug dabei ist, desto größer ist die Wirkung.

Der „Groundeffect“ ist tatsächlich spürbar und vor allem messbar. Bei 290 km/h – nahezu die Höchstgeschwindigkeit des Ferrari 360 Modena – wirken 180 zusätzliche Kilogramm auf das Fahrzeug, geschickt verteilt auf beide Achsen. Zum Vergleich dazu bringt es der Vorgänger bei Top-Speed auf gerade einmal 40 Kilogramm. Wie stark sich das im Fahrverhalten widerspiegelt, können

Größer: Im Innenraum ist das Wachstum im Vergleich zum Vorgänger deutlich spürbar.

Schneller: Der voll verkleidete Unterboden kanalisiert und beschleunigt die Luftmassen.

Stärker: 400 PS leistet 1999 der 360 Modena – so viel wie 15 Jahre zuvor der Supersportwagen 288 GTO.

Viel bestaunt: Bei seiner Premiere auf dem Genfer Autosalon erregt das Design des 360 Modena große Aufmerksamkeit.

nur wenige Piloten beurteilen. Doch unisono erntet das Verhalten des 360 Modena viel Anerkennung und Lob. Nicht-Profis fällt zumindest auf, dass der neue Ferrari auch bei hoher Geschwindigkeit satt auf der Straße klebt. Als vorteilhaft erweist sich dabei auch der exzellente cW-Wert von 0,33 – trotz der riesigen Lufteinlässe. Die Karosserie des 360 Modena erweist sich allerdings auch in ganz anderer Hinsicht als innovativ: Sie ist durch und durch aus Aluminium. Doch das leichte Metall kommt nicht nur äußerlich sichtbar zum Einsatz, sondern ist auch Material für das gesamte Chassis und für viele weitere Komponenten. Auch wenn der 360 Modena der erste Serien-Ferrari ist, der in so weiten Bereichen aus Aluminium besteht, so ist er trotzdem nicht der allererste: Mit Stolz verweist man bei Ferrari darauf, dass schon in den 1970er-Jahren Aluminium für den Chassisbau der Formel-1-Renner zum Einsatz kommt und dass seit Mitte der 1980er-Jahre Versuche mit Straßenprototypen – allen voran der Typ 408 – laufen.

Worin der Vorteil in der üppigen, aber auch kostspieligen Verwendung von Aluminium liegt, ist logisch: beim Gewicht. So bringt der 360 Modena im fahrbereiten Zustand 1.390 Kilogramm auf die Waage – knapp 80 Kilogramm weniger als sein Vorgänger, der F355. Das ist umso bemerkenswerter, als der Neue bei seinen Abmessungen kräftig zulegt. Akribisch bemerkt man bei Ferrari, dass auch der Tank größer ist, der für die Gewichtsmessung natürlich gefüllt ist und alleine schon ein Plus von 13 Kilogramm verursacht.

Doch es sind nur die größeren Abmessungen, die den Gewichtsvorteil des 360 Modena so verdeutlichen, sondern auch die Stabilität. Aluminiumkarosserie und -chassis sind ungleich steifer als es die Stahl- und Blechkomponenten des F355 sind. Maurizio Manfredini, Chefentwickler hinter dem 360 Modena, kalkuliert, dass alleine rund 50 Kilogramm Zusatzmaterial nötig wäre, um dem F355 auf das Steifigkeitsniveau seines Nachfolgers zu heben.

All das zusammen hört sich im ersten Moment nach einem gigantischen Quantensprung für mehr Performance auf Straße

GT-Sport mit V8-Ferrari

Auf Erfolgskurs

In den 1980er-Jahren tummeln sich einige 308 GTB bei Rundstreckenrennen und sogar WM-Rallyes. Doch der Erfolg ist bescheiden und die Fahrzeuge aufgrund fehlender finanzieller Mittel der Teams nicht konsequent genug aufgebaut – zumal es seitens des Werks keine Unterstützung gibt. Das ändert sich auch nicht, als vom 348 tb und F355 Rennversionen auftauchen, die der rennsporttechnisch hochgezüchteten Porsche-Armada nicht Paroli bieten können. Das ändert sich schlagartig, als 1999 ein neues Reglement in Kraft tritt, das den GT-Sport stärker teambasiert macht und neue Fahrzeugklassen schafft, die allesamt seriennaher sind. Im Zusammenspiel aus interessierten Privatteams und mit Zustimmung des Werks entsteht bei Michelotto – oft als Ferraris Haustuner bezeichnet – der 360 Modena N-GT. Die Modifikationen sind reglementbedingt beschränkt, verhelfen dem Fahrzeug aber zu rund 450 PS. Wie gut das Gesamtkonzept ist, beweist die Saison 2001, als der V8-Ferrari alles in Grund und Boden fährt und Meister der FIA N-GT-Klasse wird. Angestachelt von diesem Erfolg bekennt sich Ferrari 2002 auch offiziell zu diesem Engagement. Der 360 GT, wie das Auto nun offiziell heißt, verpasst aber in den Folgejahren knapp den Gewinn der Meisterschaft. Erfolgreicher ist der F430 in den Ausbaustufen F430 GT (Bild), F430 GTC und F430 GT3, der sogar einen Klassensieg in Le Mans erringt.

Weg in die Zukunft: Mit Airbags, ASR, ABS sowie diverser Servosysteme beginnt mit dem 360 Modena die Ära der neuen Modelle für Ferrari – und für die Ferrari-Kunden.

und Rennstrecke an – der es auch zweifelsfrei ist. Doch in Wahrheit hat Ferrari-Chef Montezemolo auch noch etwas anderes im Sinn: Komfort!

Und den gibt es in Hülle und Fülle: Denn auch wenn die Kofferluke im Bug mit 200 Litern Fassungsvermögen nicht größer als beim F355 ist, überrascht der Innenraum mit zusätzlichen 120 Litern Stauraum hinter den Sitzen – perfekt für schlanke Taschen und Kleidersäcke. Gravierender ist im Alltag indes, dass es nun auch echte Ablagen für Kleinigkeiten wie Karten und Handys gibt. Subjektiv scheint es allerdings noch viel mehr Platz zu geben, was an den großzügigen Maßen des Innenraums liegt: Dieser ist 4,5 Zentimeter länger und 5,0 Zentimeter höher als beim Vorgänger, weshalb die an Rennsportwagen erinnernde drangvolle Enge bisheriger Mittelmotorfahrzeuge fehlt.

Fast 1:1 setzt Ferrari den Zuwachs bei der Cockpitlänge in die Längsverstellung der Sitze um. Endlich finden auch groß gewachsene Menschen in einem V8-Ferrari Platz. Stolz berichtet Ferrari-Entwickler Manfredini, dass erstmals in größerem Umfang Ergonomiestudien am Simulator vorgenommen wurden. Das darf man ihm getrost glauben, denn in vielen Punkten ist der Komfortgewinn spürbar. Das beginnt bereits beim Einstieg, der wegen der längeren Türen bequemer ist – was sich allerdings in engen Parkplätzen schnell als lästiger Nachteil entpuppt.

Auch an der Sitzposition ist nichts auszusetzen, die auf Wunsch sogar voll elektrisch eingestellt wird. Hinzu kommt, dass die Längs- und Höhenverstellung des Lenkrads für eine so gute Haltung hinterm Steuer sorgt, dass die einst so typische Froschposition in italienischen Sportwagen endgültig bei Ferrari kein Thema mehr ist.

Ebenfalls ganz neu und nicht mehr mit früheren Modellen zu vergleichen ist die gesamte Armaturentafel. Dezentes Leder ist

Glatt: Gerade in hellen Lackierungen tritt das glattflächige Design der Baureihe – hier ein 360 Challenge Stradale – deutlich zu Tage.

Blick ins Innere: Die Verglasung des Motorraums fällt beim 360 Spider kleiner aus, verliert deswegen aber nichts von seiner Attraktivität.

hier mit Alu-Paneelen kombiniert. Selbst die Rundinstrumente erfahren eine radikale Neuinterpretation mit zentralem 10.000-U/min-Drehzahlmesser und 340-km/h-Tacho. Noch „drückt“ sich Ferrari allerdings erfolgreich um das Thema Navigation, die es außer einer Radio-Navigation von Becker im DIN-Format nicht gibt. Damit fehlt auch im 360 Modena eine in der Längskonsole auslaufende Mitteltafel, was dem Interieur zusätzliche Leichtigkeit verleiht.

Ferrari fährt man am liebsten vorwärts. Im 360 Modena gerät der Pilot aber in Versuchung, das eine oder andere Mal rückwärts zu fahren: Der Blick nach hinten ist grandios. Eine senkrechte Glasscheibe trennt den Innen- vom Motorraum. Hier arbeitet, dank rotem Schrumpflack gut sichtbar, das neue V8-Aggregat. Doch nicht nur den Insassen ist der Blick auf den Motor vergönnt: Auch Passanten können ihn genießen. Denn zusätzlich ist auch die Heckabdeckung aus Glas.

Vielleicht ist die Platzierung des Triebwerks unter Glas auch symbolisch zu sehen: Dieser Motor braucht sich nicht zu verstecken! Das völlig neu entwickelte Triebwerk setzt Zeichen, indem es als 8-Zylinder-Saugmotor mit exakt 400 PS genau so viel leistet wie 15 Jahre vorher der legendäre 288 GTO mit Turbotechnik. Überhaupt ist das Aggregat der stärkste V8-Saugmotor, den Ferrari bis dato entwickelt hat, der auch mit seiner Literleistung von 112 PS/Liter neue Bestwerte erreicht.

Dabei sind es formal gerade einmal 90 Kubikzentimeter, durch die sich die Aggregate von „360“ und „355“ unterscheiden. So kommt das Neue auf genau 3.586 Kubikzentimeter Hubraum, woraus sich auch seine Bezeichnung ableitet: 360 bezeichnet ein Zehntel des Gesamthubraums und nutzt damit also die gleiche Logik wie der 550 Maranello.

Die Maße des Motors ergeben sich durch eine Bohrung von 85 und einem Hub von 79 Millimetern. Klassisch sind der 90-Grad-Zylinderbankwinkel und die hohe Verdichtung mit 11,0:1, fortschrittlich das geringe Gewicht von 184 Kilogramm. Innovativ, aber letztlich eine Übernahme aus dem F355, ist die Fünf-Ventil-Technik. Die drei Einlass- und die beiden Auslassventile werden von zwei mal zwei Nockenwellen bewegt, die in klassischer Ferrari-Manier über Zahnriemen angetrieben werden.

Eine Spitzenstellung nimmt auch die Bosch Motronic ME 7.3 ein, die in doppelter Ausführung zwei getrennte Drosselklappen anspricht. Absolut zeitgemäß ist überdies die Drive-by-wire-Technologie, bei der die Stellung des Gaspedals mittels elektronischer Impulse weitergegeben wird. Sie ermöglicht eine noch schnellere und feinere Dosierung der Kraft.

Als erster V8-Ferrari rückt der 360 Modena auch vom gewohnten Sound-Bild ab: Das tiefe V8-Brabbeln tritt in den Hintergrund, dafür wird das hochtourige, Formel-1-artige Kreischen verstärkt. Zumindest teilweise ist das darauf zurückzuführen, dass im „360“ ein Abgassystem mit zwei Bypass-Ventilen arbeitet, die bis 2.800 Touren geschlossen sind und den Wagen leiser machen, um gesetzgeberische Vorgaben zu erfüllen. Oberhalb dieser Drehzahl öffnen sich die Ventile und sorgen für die spektakuläre Ferrari Akustik.

Für Aufsehen sorgt auch die Kraftübertragung, die mittels längs eingebautem Sechsganggetriebe erfolgt. Ganz klassisch werden die Gänge im 222.000 DM teuren 360 Modena per offener Kulissenschaltung gewechselt. Doch für 15.000 DM Aufpreis können sich Kunden auch für jene Technologie entscheiden, die knapp zwei Jahre vorher im F355 debütiert und direkt aus der Formel 1 stammt: die sequenzielle F1-Schaltung. Sie wird fortan zum Renner bei Ferrari. Das System besteht aus zwei Wippen hinter dem Lenkrad, mit denen durch

Neue Silhouette: Erstmals hat ein Ferrari-Spider ein voll versenkbares Verdeck, das sich nicht mehr wie früher hinter den Passagieren stapelt.

Interessante Optik: Mit geschlossenem Verdeck wirkt der Heckbereich des 360 Spider viel wuchtiger.

V8-Motoren von Ferrari

Super Acht: Wie etabliert die V8-Motoren bei Ferrari sind, zeigt der Supersportwagen F40, der mit genau dieser Zylinderzahl auskommt.

Offizieller Start: Mit dem 308 GTB beginnt für Ferrari eine unglaubliche Erfolgsgeschichte (ganz rechts oben).

Ungewohnte Alternative: Mit dem Mondial bietet Ferrari sogar einen 2+2-Sitzer mit V8-Triebwerk (ganz rechts unten).

Inoffizielle Premiere: 1973 debütiert der Dino 308 GT4 mit einem V8-Motor. Das Fahrzeug erhält aber erst 1977 die Markenembleme von Ferrari.

Dass ein Ferrari nicht unbedingt zwölf Zylinder haben muss, steht schon bald nach Firmengründung fest. Wenn es um den Motorsport geht, kennt Enzo Ferrari kein Dogma: Um sich Vorteile zu sichern oder den Regularien zu entsprechen, rüstet er seine Rennsportwagen auch mit Vierzylindermotoren aus. Überdies kommen auch V6-Triebwerke zum Einsatz.

Doch für seine Serienfahrzeuge rückt der Patriarch vom Zwölfzylinderaggregat nicht ab. Mit zunehmendem Erfolg und steigenden Verkaufszahlen zeichnet sich allerdings ab, dass unterhalb der hubraumstarken V12-Modelle Platz für einen „kleinen" Ferrari ist. Um nicht in Konflikt mit der Philosophie der zwölf Zylinder zu kommen, führt Enzo Ferrari in neues Label ein: Dino, benannt nach seinem verstorbenen Sohn.

Nach der Präsentation einiger Concept-Cars debütiert schließlich 1967 auf dem Turiner Salon der Dino 206 GT. Er wird von einem V6-Mittelmotor angetrieben, der bei Fiat produziert wird, in dem aber (wie im gesamten Fahrzeug) durch und durch Ferrari-Technik steckt. Als 1973 die Fertigung des Modells, das inzwischen zum 246 GT gereift ist, eingestellt wird, präsentiert Dino den 308 GT/4.

Er ist deutlich größer, hat vier Sitze (die Rücksitze haben aber eher Alibi-Funktion) und vor allem einen stärkeren Motor. Dieser verfügt über acht Zylinder, hat insgesamt 3,0 Liter Hubraum und leistet 255 PS. Das Aggregat ist ein reinrassiges Ferrari-Triebwerk, das in Maranello konstruiert und gefertigt wird und auf dem sogar Ferrari-Logos zu sehen sind. Der Dino 308 GT/4 trägt indes äußerlich kein Ferrari-Markenzeichen.

Auf das inoffizielle V8-Debüt als Dino folgt 1975 die offizielle Premiere: Auf dem Pariser Autosalon wird der Ferrari 308 GTB vorgestellt. Er nutzt das völlig unveränderte Dino-Triebwerk, darf sich aber mit dem springenden Pferdchen zieren. Das Fahrzeug begeistert durch seine hinreißende Linienführung, der zwei Jahre später der offene 308 GTS zur Seite gestellt wird. Kurz zuvor wird auch der 308 GT/4 in den Kreis des springenden Pferdes aufgenommen: Er heißt fortan Ferrari 308 GT/4.

Im Heimatmarkt leidet Ferrari in den 1970er-Jahren unter der Luxussteuer für Automobile, die alle Fahrzeuge mit mehr als 2,0-Liter-Hubraum betrifft. So entschließt sich Ferrari, das zu diesem Zeitpunkt noch als Dino 308 GT/4 produzierte Fahrzeug parallel auch als Dino 208 GT/4 anzubieten. Sein Triebwerk besitzt weiterhin acht Zylinder, aber eine verkleinerte Bohrung, die zu einem Gesamthubraum von 2,0 Liter führt. Analog wird das Fahrzeug ab Modelljahr 1977 als Ferrari 208 GT/4 vermarktet.

Ab 1980 schreitet die Evolution in rasantem Tempo voran: Der „GT/4" wird aus dem Programm genommen. Der 2,0-Liter-V8-Motor wird stattdessen mit der zweisitzigen Karosserie als 208 GTB und 208 GTS angeboten. Nachfolger des 308 GT/4 wird der völlig neu gestaltete Mondial 8, der die 3,0-Liter-V8-Version bekommt – jetzt aber

mit Benzineinspritzung, ab 1982 zusätzlich mit Vierventiltechnik. Ab 1984 ist er zusätzlich auch als Cabrio erhältlich. Die gleiche Motor-Evolution macht auch das Triebwerk im 308 GTB und 308 GTS durch. 1985 erfolgt die Anhebung des Hubraums auf 3,2 Liter (328 GTB, 328 GTS, Mondial 3.2, Mondial 3.2 Cabriolet), 1989 eine weitere Erhöhung auf 3,4 Liter (348 tb, 348 ts, Mondial t, Mondial t Cabriolet). Zugleich sind 348 tb, 348 ts und später der 348 Spider ein stilistischer Neuanfang, während die Fertigung des Mondial t Ende 1993 eingestellt wird. Auf die 3,4-Liter-Version folgt 1994 die 3,5-Liter-Ausbaustufe als F355, erhältlich als Berlinetta, GTS und Spider.

Die 2,0-Liter-Version geht indes einen andern Weg: 1982 erhält sie einen Turbolader (208 GTB Turbo, 208 GTS Turbo), zu dem sich 1985 noch ein Ladeluftkühler gesellt (GTB Turbo, GTS Turbo). Damit erreichen die ausschließlich in Italien angebotenen Versionen nahezu das Leistungsniveau von 308 und 328. 1989 endet allerdings die Sonderbehandlung des Heimatmarktes.

Bereits 1984 wird einem 2,8 Liter großen V8-Biturbo-Motor die Ehre zu teil, im 400 PS starken 288 GTO zum neuen Ferrari Spitzenmodell zu werden. Dem limitierten Kult-Modell folgt 1987 der 478 PS starke F40 – ebenfalls mit V8-Turbo-Technologie und ebenfalls limitiert. 17 Jahre lang bleibt er der stärkste V8-Straßen-Ferrari, bevor er 2004 vom nicht limitierten F430 abgelöst wird.

Heranziehen der rechten hoch- und mit Heranziehen der linken heruntergeschaltet wird – Zwischengas inklusive.

Das Ganze geht so leicht, dass die Fingerspitzen für die Gangwechsel ausreichen. Die Wippen sind fest mit der Lenksäule verbunden und drehen sich – anders als das einige Zeit später vorgestelllte SMG-Getriebe von BMW – nicht mit. Beim Schalten in engen Kurven mag das zunächst wie ein Nachteil aussehen, in der Praxis erweist sich diese Lösung aber als extrem sinnvoll: Weil die Lenkung, die im 360 Modena überdies geschwindigkeitsabhängig servounterstützt ist, nicht so direkt wie in einem Formel-1-Rennwagen ist, wird bisweilen Umgreifen auch während des Beschleunigens nötig (etwa beim zügigen Einbiegen in eine Straße). Nur dadurch, dass die Wippen feststehen, weiß der Fahrer zu jedem Zeitpunkt, wo er hinlangen muss.

Die F1-Schaltung macht logischerweise den Schaltstock in der Mitte überflüssig. An seine Stelle tritt ein kleiner Hebel, der zu Einlegen des Rückwärtsgangs benötigt wird. Im Gegensatz zum F355, wo der Richtungswechsel noch quälend lang dau-

Je nach Geschmack: Das Heck ist serienmäßig in Wagenfarbe lackiert, kann auf Wunsch aber auch durch ein Heckgitter im Challenge-Look ersetzt werden.

Erfolgsmodell: Der 360 Spider verkauft sich annähernd so gut wie der 360 Modena.

ert, funktioniert die Lösung im 360 Modena zügig. Ebenfalls in der Mitte zu finden sind ein Schalter für den Automatikmodus, in dem die Gänge selbstständig gewechselt werden, und einer für „Winterbetrieb". Dieser sorgt dafür, dass beispielsweise bei starkem Regen die Gänge weicher gewechselt werden.

Natürlich fehlt bei der sequenziellen F1-Schaltung auch das Kupplungspedal – nicht aber die Kupplung. Zieht der Fahrer an der Wippe, um einen Gang zu wechseln, wird das Signal per Wire-Technologie an sogenannte Aktuatoren weitergeleitet: Sie sorgen für das Öffnen der Kupplung, für die mechanische Bewegung der Gänge und für das abschließende Einkuppeln.

Was sich nur etwas sperrig beschreiben lässt, funktioniert in der Praxis zuverlässig und vor allem schnell. Gerade einmal 150 Millisekunden dauert der Gangwechsel. Subjektiv mag das länger wirken, weil noch immer eine Zugkraftunterbrechung zu spüren ist und das „Nichtstun" die Pause länger wirken lässt. Doch faktisch arbeitet das System so schnell, dass selbst flotte „Handschalter" nicht zügiger sind. Außerdem sorgen eine intelligente Steuerung des Zwischengases für eine spektakuläre Klangkulisse beim Herunterschalten. Außerdem haben Fahrer des 360 Modena die Möglichkeit, noch schneller zu schalten. Dafür sorgt die Taste „Sport". Sie beeinflusst das Setup des Fahrzeugs aber auch an anderer Stelle.

GTS

Der andere Spider

Mitte der 1960er-Jahre führt Ferrari ein neues Kürzel bei seinen Typenbezeichnungen ein: GTS. Die Abkürzung steht für Gran Turismo Spider und geht an Cabrios. So entstehen berühmte Modelle wie 275 GTS, 330 GTS oder 365 GTS/4 „Daytona Spider". Parallel dazu bringt Ferrari einen Ableger des Dino 246 GT auf den Markt: den 246 GTS. Anders als die GTS-Modelle mit Ferrari-Label besitzt er ein herausnehmbares Dachmittelteil. Damit ist er die Antwort auf den Porsche 911 Targa, der kurz zuvor debütiert. Sein Konzept verfällt mit dem Auslaufen des 246 GTS 1974 in einen Dornröschenschlaf, denn in den 1970er-Jahren ebbt die Nachfrage nach offenen Fahrzeugen rapide ab. Alle Hersteller leiden unter den verschärften Sicherheitsvorschriften in Nordamerika. Erst 1977 erweckt Ferrari die GTS-Idee zu neuem Leben: Auf der IAA wird der 308 GTS vorgestellt, der offene Bruder des 308 GTB. Auch er übernimmt die Dino-Idee und verfügt über ein herausnehmbares Dachmittelteil, das aus schwarzem Kunststoff besteht. Auf den 308 GTS folgen 328 GTS, 348 ts (Bild), 348 GTS und letztmalig F355 GTS. Für diesen ist das Dach erstmals auch in Wagenfarbe verfügbar. Wegen stark rückläufiger Nachfrage – inzwischen gibt es zweisitzige Vollcabrios bei Ferrari – wird die GTS-Variante eingestellt.

Zum Beispiel verschiebt sie die Regelschwelle der serienmäßigen Antriebsschlupfregelung (ASR) in höhere Bereiche, sodass durchaus noch Drifts mit aktivierter ASR möglich sind.

Eine Angelegenheit für Könner ist allerdings, die ASR vollständig zu deaktivieren: Dann wird der 360 Modena giftig und fordert nicht zuletzt aufgrund von 57 Prozent des Gewichts auf der Hinterachse schnelles Zugreifen und zügiges Gegensteuern. Zum Gesamtsicherheitskonzept gehören überdies auch ein Antiblockiersystem und Fahrer-/Beifahrer-Airbags.

Die dritte Auswirkung von „Sport" bezieht sich aufs Fahrwerk, das durch Drücken der Taste eine straffere Abstimmung erfährt. So besitzt der 360 Modena ein in Zusammenarbeit mit Sachs entwickeltes, völlig neues Dämpfungssystem, das nicht mehr mit den vormals verwendeten Aktiv-Fahrwerken zu vergleichen ist. Sensoren erfassen dabei die Längs- und Querbeschleunigung und optimieren in Sekundenbruchteilen die Härte der Dämpfung. Damit reduzieren sich die Karosseriebewegungen auf ein Minimum. Wie gut der 360 Modena damit wirklich ist, zeigt sich beim internen Härtetest. Auf der hauseigenen Rennstrecke von Fiorano ist er mit einer Zeit von 1,30 Minuten drei Sekunden schneller als der F355 – was Welten sind!

Während noch im Herbst des gleichen Jahres mit dem 360 Challenge die Rennversion des 360 Modena vorgestellt wird, dauert es noch bis zum nächsten Genfer Autosalon, bis bereits die zweite Straßenvariante vorgestellt wird: der 360 Spider, bei dem der Einfachheit wegen auf den Zusatz Modena verzichtet wird. Natürlich ist der offene Ableger von Projektbeginn an geplant, so dass keine tief greifenden Änderungen am Fahrzeugkonzept vorzunehmen sind. Im Rahmen der Vorstellung des 360 Spider bestätigt Ferrari-Chef Montezemolo aber auch, was andeutungsweise schon bei der Präsentation des Coupés zu hören ist: Einen GTS (siehe Seite 52) wird es nicht geben.

Antriebstechnisch ist das 255.000 DM teure Cabrio ohnehin mit dem 360 Modena identisch. Der 400-PS-Renner darf damit für sich verbuchen, bei seiner Premiere der schnellste Roadster der Welt zu sein. Auch beim 360 Spider haben die Kunden die Wahl, zum Aufpreis von 14.700 DM die se-

Verkaufserfolg: Bis kurz vor ihrer Ablösung erzielt die 360-Baureihe beachtliche Verkaufserfolge und profitiert dabei von den Erfolgen in der Formel 1.

Mehr Rennwagen: Der 360 Challenge Stradale ist auch im Innenraum radikaler. Er ist grundsätzlich nur mit F1-Schaltung erhältlich.

quenzielle F1-Schaltung zu bestellen – was auch annähernd 70 Prozent von ihnen tun.

Die Designstudios von Pininfarina sind auch für die offene Version des „360“ zuständig und entfernen das Dach entlang der natürlichen Trennsicke. Zwangsläufig macht es dieser Schritt aber notwendig, dass eine neue Motorhaube entworfen werden muss. Bei ihr liegt das Glasfenster natürlich waagerecht, ist allerdings auch kleiner. Ebenfalls auffällig: Die beiden Höcker hinter den Sitzen, aus denen die beiden Einzel-Überrollbügel herausragen – ein Designelement, das sich ein halbes Jahr später auch beim 550 Barchetta Pininfarina wiederfindet.

Das Verdeck verschwindet nach dem Öffnen vollständig unter dem Deckel des Verdeckkastens und ist damit nicht mehr zu sehen. Alleine schon das stellt einen ganz wesentlichen Unterschied zum F355 Spider dar, der nach dem Öffnen des Dachs stets noch eine von Hand anzulegende Persenning benötigt. Selbstredend, dass so ein vergleichsweise aufwendiges System nur vollautomatisch funktioniert: 28 Sekunden benötigt der Fahrer eines 360 Spider, bis er vollständig an der frischen Luft sitzt.

Bemerkenswertes Detail der geschlossenen Dachkonstruktion sind die schräg nach hinten verlaufenden, wie C-Säulen wirkenden Verdeckversteifungen, die an die Formgebung von Blechdächern erinnern. Überhaupt besitzt der 360 Spider mit aufgesetztem Verdeck einen ganz besonderen Charme, weil die Textilflächen außergewöhnlich klein sind und der Wagen dadurch sehr gedrungen wirkt.

Weil die Zeiten längst vorbei sind, in den durch einfaches Ansetzen der Blechschere ein Cabrio entsteht, verfügt der 360 Spider über jede Menge Versteifungen. So ist unter anderem der Windschutzscheibenrahmen üppiger dimensioniert, was optisch aber kaum wahrnehmbar ist. Zeitgemäß ist auch die Tatsache, dass fünf verschiedene Verdeckfarben zur Verfügung stehen, anhand derer jeder Kunde seinen perfekten Ferrari gestalten kann.

360 Modena und 360 Spider entwickeln sich zum Erfolgsmodell für Ferrari, die zeitlebens auch kein nennenswertes Facelift benötigen. Erst ein Jahr vor Ende der Produktion stellt Ferrari auf dem Genfer Autosalon 2003 eine zusätzliche Modellvariante vor: den 360 Challenge Stradale. Wie der Name bereits andeutet, stellt er eine Art Straßenversion („stradale“) des Challenge-Rennwagens dar.

Nur 900 Fahrzeuge kündigt Ferrari an (letztlich entstehen aber 1.294), die mit 165.000 Euro weit teurer als der 360 Modena sind. Die Sportwagenmarke ist nicht nur in Hochform und begehrt wie nie, sondern der hohe Preis hat seine Gründe in der aufwendigen Technik: Man sieht sie kaum, aber

Markantes Dekor: Werkseitig wird der 360 Challenge Stradale mit Längsstreifen promoted. Doch nur wenige Kunden entscheiden sich dafür.

man spürt sie! Denn es ist vor allem der konsequente Leichtbau, der Grundphilosophie des „CS“ ist und der den Wagen so teuer macht.

Im Innenraum glänzt leichtes Carbon, und was an Luxus nicht unbedingt gebraucht wird, darf gar nicht erst rein. Fahrwerkfedern, Pleuelstangen und Radbolzen sind aus leichtem Titan, die Bremsanlage aus Carbon-Keramik-Verbund. Damit ist sie nicht nur leicht, sondern auch bissig. Insgesamt reduziert sich auf diese Weise das Trockengewicht auf sensationelle 1.180 Kilogramm. Das sind 110 Kilogramm weniger als das völlige Leergewicht des 360 Modena. Eine Sportabgasanlage macht den 360 Challenge Stradale nicht nur merklich lauter, sondern reduziert den Abgasgegendruck – woraus eine höhere Motorleistung resultiert. Durch Modifikationen am Ansaugtrakt und an der Elektronik sowie durch eine Erhöhung der Kompression beträgt das Leistungsplus immerhin 25 PS. Mit total 425 PS schafft es der „CS“ sogar, die magische 300-km/h-Grenze zu erreichen. Da gehört es sich dann auch, dass der Motor Enzo-like mit einem roten Starter-Knopf zum Leben erweckt wird.

Besseres Package: Formal sieht der Schritt zum 360 Challenge Stradale eher klein aus, in Wahrheit ist er eine spürbare Verbesserung.

Bei der Kundschaft kommt der sehr sportlich zu fahrende 360 Challenge Stradale, den es ausschließlich mit sequenzieller F1-Schaltung gibt, gut an – so gut, dass es viele Fans überrascht, als im Herbst 2004 bereits ein komplett neuer Nachfolger vorgestellt wird: der F430.

Ferrari Individualisierungsprogramme

Keine zwei Gleichen

Noch Ende der 1980er-Jahre sind die aufpreispflichtigen Sonderausstattungen bei Ferrari überschaubar: Für die deutschen Importeure reicht es, auf einem A4-Blatt mit großem Zeilenabstand die Extras für das gesamte Modellprogramm aufzulisten. Doch es gehört zum kleinen Einmaleins der Automobilindustrie, dass Geschäfte mit Zubehör und Sonderausstattungen besonders profitabel sind. Schon aus diesem Grund gewinnt Ferrari Interesse an dem Thema, das aber eigentlich ganz auf den Bedürfnissen der Kundschaft basiert: Immer wieder sieht man sich in Italien mit den besonderen Anliegen von Kunden konfrontiert, die ihr Fahrzeug ab Werk personalisieren möchten. Genau diesem Wunsch kommt Ferrari nach, als das Unternehmen auf der IAA 1997 das Individualisierungsprogramm Carrozzeria Scaglietti vorstellt. Es ist nach jedem Betrieb benannt, der über Jahrzehnte für Ferrari Karosserien fertigt. Das Angebot ist für die gesamte Modellpalette erhältlich und umfasst technische und stilistische Modifikationen. Dazu gehören unter anderem Lederapplikationen, Überrollbügel, persönliche Signets, Räder und Farbgebungen. Elf Jahre später erfolgt die Perfektionierung: Auf dem Genfer Salon stellt Ferrari das Programm „One to one“ vor, das zunächst ausschließlich nur für den überarbeiteten 612 Scaglietti erhältlich ist: Kunden können sich in einem exklusiven Atelier in Maranello ihr Fahrzeug maßschneidern lassen.

Ferrari Enzo

Der Über-Vater

Untermotorisierte Ferrari-Modelle? Gibt es nicht! Wer einen Ferrari kauft, darf immer Performance erwarten. Damit kommt die Sportwagenmanufaktur anders als Massenfahrzeugproduzenten nicht in die Verlegenheit, mit aufgepeppelten Sondermodellen etwas fürs Image tun zu müssen. Und trotzdem vernimmt man bei Ferrari permanent den Ruf der Kunden nach mehr Leistung und noch mehr Exklusivität. Vor allem seitdem Ferrari mit Geburtstagsgeschenken wie F40 und F50 limitierte Hochleistungssportwagen auf den Markt bringt, fiebern die Fans jedem abgeschlossenen Jahrzehnt entgegen. Doch während der erste Ferrari auf das Jahr 1947 datiert und der F40 1987 pünktlich zum 40. Firmenjubiläum erscheint, wird der F50 1995 quasi zwei Jahre zu früh vorgestellt.

Andererseits gibt genau das den Kunden und Fans Ende des Jahrzehnts auch Hoffnung. Denn als Ferrari zur Jahrtausendwende in der Formel 1 auf die Erfolgsspur zurückkehrt, ist die Begeisterung für die Marke hoch wie nie – und folglich wieder ein limitiertes Modell in Aussicht. Die Produktstrategen stellt das vor eine Herausforderung. Neben der Frage, wie ein neuer Spitzen-Ferrari technisch und stilistisch auszusehen hat, ist die Marktpositionierung von entscheidender Wichtigkeit.

Wie jedes Unternehmen strebt natürlich auch Ferrari einen möglichst hohen Umsatz an. Trotzdem gilt es dabei aufzupassen, dass die treue und zahlungskräftige Stammkundschaft nicht verprellt wird. Letztlich reduziert das die Überlegungen auf die Kernfrage: Wie teuer und in welcher Stückzahl? Vom F40, dessen Limitierung nach der Fahrzeugpräsentation aufgehoben wird, entstehen 1.331 Exemplare zum Listenpreis von 444.000 DM. Unter der Hand werden die Fahrzeuge aber für das Doppelte und noch mehr gehandelt.

Diese Beobachtung lässt den Schluss zu, dass der F40 zu seiner Zeit schlichtweg zu „billig“ ist. Schon beim F50 haben die Italiener ihre Lektion gelernt. Nur wenige Jahre nach dem Aus des F40 schnellt sein Neupreis bereits auf 756.000 DM. Doch dafür limitiert Ferrari den superschnellen Roadster auf 349 Exemplare – und hält sich daran. Tatsächlich geht die Rechnung auf: Einerseits gehen innerhalb kürzester Zeit genügend Bestellungen ein, andererseits

Markante Linienführung: Der Enzo kommt ohne sichtbares Spoilerwerk aus. Dazu besitzt er eine raffinierte, in langer Windkanalarbeit ermittelte Aerodynamik.

Design mit Wirkung: Das Erscheinen des Enzo im Straßenverkehr ist respekteinflößend.

Typenbezeichnung nur im Cockpit: Der Schriftzug ist der Signatur von Enzo Ferrari nachempfunden.

hält sich der Schwarzmarkt-Wucher in Grenzen.

Doch als sechs Jahre nach Fertigstellung des letzten F50 ein neuer Supersportwagen von Ferrari auf den Markt kommt, haben sich erneut die Zeiten geändert. Bei dem mitten in die Erfolgsphase von Michael Schumacher fallenden Debüt zeichnet sich schon früh das gewaltige Interesse der Kunden ab. Vom Prinzip der freiwilligen Selbstbeschränkung will Ferrari-Chef Montezemolo trotzdem nicht abweichen: „Wir werden genau ein Fahrzeug weniger bauen, als Nachfrage herrscht“, orakelt er spitzbübisch. Exakt 399 Exemplare ermitteln die Ferrari-Strategen daraufhin. Wieder halten sich die Italiener daran, um dann doch noch symbolisch davon abzuweichen. Luca die Montezemolo fasst 2005 den Entschluss, ein 400. Fahrzeug zu fertigen, das er Papst Johannes Paul II. schenkt. Dieser lässt den Wagen zugunsten der Hinterbliebenen der Opfer des Tsunami vom Dezember 2004 versteigert. Das Traditionshaus Sotheby’s erzielt am 28. Juni 2005 mit 1.055.000 Euro einen Rekorderlös.

Doch schon der reguläre Preis ist ein satter Sprung im Vergleich zum F50. Diejenigen Interessenten, die tatsächlich einen bekommen, müssen 645.000 Euro bezahlen. Ein auf ähnlichem Leistungsniveau rangierender Porsche Carrera GT kostet „nur“ 452.690 Euro, ein Mercedes SLR McLaren 375.000 Euro. Und trotzdem übersteigt auch diesmal die Nachfrage das Angebot.

Sie ist schon vorhanden, noch bevor von dem Fahrzeug irgendwelche offiziellen Bilder zu sehen sind. Neben der Erwartung, dass bereits schon wieder ein „Super-Ferrari“ fällig ist, sorgen einige abgelichtete Erlkönige für großes Aufsehen. Sie zeigen jeweils schwarze, abgeklebte Sportwagen, deren Silhouette auch als Le-Mans-Rennwagen durchgehen würde. Markantes Detail scheint dabei ein Heckspoiler zu sein, der wie eine Kopie von F40 und F50 wirkt – nur ist er niemals mit eingesetztem Flügelblatt zu sehen.

Genau das ist Teil der Verwirrstrategie von Ferrari. Denn als ein fast fertiges Vorserienmodell Ende April 2002 im Kunstmuseum in Tokio endlich gezeigt wird, ist offenkundig, dass er ohne spektakuläres Flügelwerk auskommt. Doch das ist nicht die einzige Täuschung. Von den drei Hauptprototypen für die Erprobung ähneln äußerlich nur zwei dem späteren Modell. Ein drittes Fahrzeug – intern M3 genannt – sieht dagegen aus wie ein überlanger Ferrari 348 tb (mit Heck vom F355), dessen Produktion eigentlich schon 1994 ausgelaufen ist. Unter seiner Hülle wird, unbeachtet von den meisten Fotografen, das Triebwerk erprobt. Weil dieses Fahrzeug in halbwegs ordentlichem Zustand ist, entschließen sich die Italiener sogar, den Prototyp 2005 zu versteigern. Für knapp 200.000 Euro geht er nach Deutschland.

Auch bei der Namensgebung spielt Ferrari gerne Katz und Maus. Erst in letzter Minute wird die Typenbezeichnung preisgegeben. So lange ist offiziell vom FX die Rede. Doch daran, dass diese der endgültige Name ist, mag niemand glauben. Nostalgiker tippen – in Ergänzung zu Maranello und

Debüt: Das erste offizielle Foto weist das Fahrzeug noch als FX aus. Es zeigt den Wagen vor dem neuen Windkanal von Ferrari.

Ideenreich: Das Grundkonzept des Enzo entstammt der Kreativität von Pininfarina, die tatsächliche Formgebung bestimmen die Aerodynamiker.

Modellübersicht

Enzo	
2002-2005:	6,0 l / 660 PS
FXX*	
2005:	6,3 l / 800 PS
Update 2007:	6,3 l / 860 PS

*ohne Straßenzulassung

Modena – auf eine Wiederbelebung von Monza. Der Name ist nicht nur aus den 1950er-Jahren historisch bei Ferrari vorbelastet, sondern auch Ort großer Ferrari-Erfolge, international genügend bekannt und Symbol für Hochgeschwindigkeit.
Doch am häufigsten taucht der Begriff F60 auf – als konsequente Fortführung von F40 und F50. Dass Ferrari erst 2007 60. Geburtstag feiert, wird als Schönheitsfehler hingenommen. Doch es wird auch nicht dieses Kürzel, das erst 2009 einem Formel-1-Renner zuteil wird und für „60 Jahre Ferrari in der Formel 1" steht.
Stattdessen bekommt das Meisterstück den Namen des Meisters selbst: Enzo Ferrari. Damit heißt er vollständig Ferrari Enzo Ferrari. In der Praxis wird indes meist die Duzform daraus: Ferrari Enzo, wovon auch in diesem Buch Gebrauch gemacht wird.
So außergewöhnlich der Name ist, so spektakulär ist auch das Fahrzeug. Alleine schon das Triebwerk ist ein Meilenstein. Formal beerbt der Enzo den F50, denn auch er besitzt einen V12-Mittelmotor. Und wie schon beim F50 ist auch diesmal das Triebwerk eine völlige Neukonstruktion, dessen Bauweise – ebenfalls eine Parallele – sich unmittelbar an der Formel 1 orientiert.
Doch anders als Mitte der 1990er-Jahre, als Ferrari in der Formel 1 noch mit Zwölfzylindermotoren antritt, wird zu diesem Zeitpunkt längst mit V10-Motoren gefahren. Doch das tut dem Technologietransfer keinen Abbruch – ganz im Gegenteil: Jetzt wird er viel konsequenter betrieben und mit weniger Symbolik. So lassen die Eckdaten des Aggregats zunächst wenig Formel-1-Technik vermuten: 6,0 Liter Hubraum, basierend auf Halbliter-großen Brennräumen mit einer Bohrung von 92,9 und einem Hub von 75,2 Millimetern.
Erst im Detail wird der Aufwand deutlich: So sind die Zylinderköpfe innen dachförmig, was eine höhere Brenngeschwindigkeit bedeutet, obwohl nur Vierventiltechnik zum Einsatz kommt. Gleichzeit wird Gewicht gespart, wo es nur geht: Bei Kurbelwelle und Kolben, aber auch bei Pleuel aus Titan und natürlich der inzwischen obligatorischen Aluminium-Legierung des Zylinderblocks. Damit wiegt das fertige V12-Triebwerk lediglich 224 Kilogramm. Einmal mehr finden überdies Nicasil-beschichtete Laufbuchsen Verwendung.
Ein weiteres raffiniertes Detail des Triebwerks sind die teleskopartigen Lufteinlässe, die sich um acht Zentimeter bewegen können und auf diese Weise den Leistungs- und Drehmomentverlauf optimieren – ebenfalls eine Technik aus der Formel 1. Eher von Relevanz bei Straßenfahrzeugen ist die Tatsa-

Ferrari P4/5 Pininfarina

Einer wie keiner

Nicht, dass ein Enzo nicht exklusiv genug wäre. Doch der US-Filmregisseur und Ferrari-Sammler James Glickenhaus hat ganz andere Vorstellungen. Er möchte das Design der Ferrari-Rennsportwagen aus den späten 1960er-Jahren wieder aufleben lassen. Schließlich stimmt auch Ferrari dem Vorhaben zu. Für das Projekt bringt Glickenhaus keineswegs seinen eigenen Enzo zu Pininfarina, dafür aber seinen Ferrari P4. Dieser dient den Designern als Vorbild für den neuen P4/5. Antriebstechnisch darf allerdings nichts verändert werden. Dass die Neukreation trotzdem ein bisschen schneller ist, liegt lediglich an der kompromissloseren Gestaltung des Fahrzeugs und an seinem Gewicht von nur 1.200 Kilogramm. Zu den wesentlichen Designmerkmalen gehören die rennwagentypische Glaskanzel, die geschwungenen Kotflügel und die scharfe Heckabrisskante. Pininfarina garniert diese klassischen Stilelemente mit jeder Menge aktuellem Hightech – von LED-Leuchten über reichlich Carbon bis zu einem großen Navigations-Bildschirm. Unzählige Stunden verbringen die Entwickler im Windkanal, bevor das Fahrzeug von Ex-Ferrari-Formel-1-Pilot René Arnoux auf der Rennstrecke erprobt wird. Zum Abschluss ist der P4/5 nicht nur schnell, sondern erhält auch eine New Yorker Straßenzulassung. Der Preis für den Wagen ist hoch, schreckt aber Glickenhaus nicht ab: Mehrere Millionen US-Dollar dürften es sein.

che, dass der Motor des Enzo erstmals bei Ferrari über eine Kettensteuerung der insgesamt vier Nockenwellen verfügt. Die Bosch Motronic ME7 mit integriertem Klopfsensor sorgt dafür, dass trotz den Verdichtung von 11,2:1 lediglich Superbenzin benötigt wird.

660 PS sind es letztlich, die dieses Wunderwerk mobilisiert – offiziell bei 7.800 U/min, doch der Drehzahlmesser zeigt, dass der Motor in der Praxis noch mehr kann (8.200 U/min). Klar ist, dass der Enzo damit der stärkste Straßen-Ferrari aller Zeiten ist. Gigantisch ist auch das maximale Drehmoment, das mit 657 Newtonmetern bei 5.500 Touren ebenfalls einen Bestwert darstellt. Der Enzo schafft es dabei, die Kraft zu nutzen, sodass er auch bei den Fahrleistungen ein neues Kapitel aufschlägt und im Vergleich zum F50 einen Quantensprung darstellt. Mit „über 350 km/h" gibt Ferrari die Höchstgeschwindigkeit an – Fachzeitschriften attestieren bisweilen 355 km/h. 3,65 Sekunden nennen die Italiener für den Sprint auf Tempo 100 und 9,5 Sekunden bis zum Doppelten. Selbst die 1.000-Meter-Marke erreicht der Enzo aus dem Stand nach weniger als 20 Sekunden – mit exakt 19,6 Sekunden zählt er zu den ganz, ganz wenigen, die dieses Kunststück schaffen.

Seltenes Treffen: Anders als bei F40 und F50, die ab Werk durchwegs in Rot entstehen, lässt Ferrari beim Enzo Farbalternativen zu.

Impossanter Einstieg: Nach vorne schwenkende Türen sind sonst eher im Rennwagenbau üblich.

Alles im Griff: Das Lenkrad verfügt über Tasten für Blinker, Fahrwerks-Setup und Rückwärtsgang.

Doch noch mehr ist man bei Ferrari auf einen anderen Messwert stolz: 14,2 Sekunden. Diese Zeitspanne vergeht, bis der Enzo aus dem Stand auf 200 km/h beschleunigt und dann wieder bis zum totalen Stillstand abbremst. Auch wenn der reine Zahlenwert wenig Praxisrelevanz hat, zeigt sich eines überdeutlich: Ferrari geht es bei dem Enzo nicht nur darum, einen Trumpf-Sportwagen in den üblichen Quartettspielkategorien zu bauen, sondern einen, dessen Fahrdynamik in allen Belangen überlegen ist. Also auch beim Bremsen.

Dazu sind erstmals in einem Ferrari-Serienfahrzeug Bremsscheiben aus Carbon-Keramik-Verbundmaterial (CCM) montiert, die vom Bremsspezialisten Brembo entwickelt sind. Auch sie sind reinrassige Formel-1-Technologie und sorgen dafür, dass der Enzo beim Verzögern ebenfalls neue Dimensionen erreicht: Sowohl beim fast etwas zu radikalen Ansprechverhalten, beim ultrakurzen Bremsweg und bei der nahezu stoischen Widerstandsfähigkeit gegenüber Fading erreichen die Enzo-Bremsen Bestwerte. Ganz abgesehen davon fallen die üppig bemessenen Scheiben (Durchmesser vorne 38, hinten 34 Zentimeter) auch 12,5 Kilogramm leichter aus als konventionelle Lösungen.

Während in früheren Jahrzehnten bisweilen der Spruch „Ein Ferrari ist ein Motor mit Rädern dran" die Runde macht, gerät der Enzo zur Demonstration der Fahrwerksperfektionierung. Stolz verweist Projektleiter Giuseppe Petrotta auf die Pushrod-Lösung, eine 1:1-Übernahme aus dem Renngeschäft. Dabei sind die Räder an doppelten Dreieckslenkern aufgehängt, während die Feder-Dämpfer-Einheiten davon abgekoppelt sind. Sie liegen, etwa auf Höhe des oberen Radrandes waagerecht, sodass die Vertikalbewegungen des Rades mittels Druckstange – das Pushrod – und Umlenkwippe übertragen werden. Damit erreicht das System eine besonders hohe Progression, was sich unmittelbar im Fahrverhalten niederschlägt.

Überdies sind die Kennlinien der Stoßdämpfer einzeln einstellbar. Damit sind nicht nur Setup-Einstellungen möglich, sondern eine Steuereinheit regelt mittels Sensordaten permanent die Dämpfer nach. Das erklärt auch, weshalb man durchaus komfortabel im Enzo unterwegs sein kann, selbst auf Straßenbelägen mit nur durchschnittlicher Qualität. Per Lift-Funktion kann zudem die Fahrzeugfront angehoben werden, was beim Überfahren von Kanten vorteilhaft ist.

Überhaupt spielt die Elektronik eine beachtliche Rolle im Enzo. Sie zeigt am deutlichsten, dass sich seit dem F50 der Fortschritt in diesem Punkt rasend schnell entwickelte. Neben der elektronischen Dämpferkontrolle besitzt der Enzo ein Drive-by-Wire-Gaspedal sowie ABS und ASR. Allerdings muss er noch ohne ein ESP auskommen, das erst zwei Jahre später im 612 Scaglietti debütiert. Dafür kennt die Antriebsschlupfregelung immerhin drei Betriebsmodi: Aus, was nur absoluten Profis eine schnelle Fortbewegung ermöglicht, „Sport", was dem normalen Regelbetrieb entspricht, und „Race",

Hightech pur: Hinter den liegenden Stoßdämpfern der Pushrods sind der große Luftsammler und das 6,0-Liter-V12-Triebwerk zu erkennen.

Testfahrerdebüt: Zum ersten Mal wird Michael Schumacher von Ferrari offiziell in der Straßenfahrzeugentwicklung eingesetzt.

Supersportwagen von Ferrari

Der erste von 1984: Der 400 PS starke GTO ist eine Entwicklung aus dem 308 GTB.

Mitte der 1970er-Jahre formt sich bei Ferrari eine Modellstruktur, die im Wesentlichen bis heute Bestand hat. V8-getriebene Modelle – anfangs der „308“, heute der 458 Italia – bilden den Einstieg in die Welt von Ferrari. Die Programmspitze ist zweigeteilt und besteht aus einem betont sportlichen Modell – zunächst der „BB“, heute der F599 GTB Fiorano – und einem Viersitzer (einst der 400 GT, heute der 612 Scaglietti).

In diese Hackordnung platzt 1984 der GTO. Er ist preislich mit 260.000 DM klar oberhalb des 512 BBi positioniert. Auch was Motor- (400 PS) und Fahrleistungen (305 km/h) betrifft, schlägt er ein neues Kapitel auf. Und auch seine Vermarktung ist ein Novum für Ferrari: Er ist der erste Straßen-Ferrari, der bewusst in einer limitierten Auflage gefertigt wird. 200 Exemplare werden bei seinem Debüt auf dem Genfer Salon angekündigt. Letztlich entstehen aufgrund der großen Nachfrage aber doch 272 Einheiten.

Doppelte Neuheit: Der F50 von 1995 setzt als erster Ferrari-Supersportwagen auf einen V12-Motor. Er ist bis heute der Einzige, der ein abnehmbares Dach besitzt.

Die Entstehungsgeschichte des GTO basiert auf dem Planspiel von Ferrari, wieder in den Produktionswagensport zurückzukehren. Als ideal erweisen sich dafür die Regularien der neuen Gruppe B, die viele Freiheiten zulässt, aber 200 Serienmodelle vorschreibt. So entsteht der GTO auf Basis des 308 GTB, bekommt aber einem um 14 Zentimeter verlängerten Radstand, einige aerodynamischen Änderungen, ein Transaxle-Getriebe und einen Motor mit Doppelturbolader und 2,8 Litern Hubraum. Dieser ist es, der in Analogie zum 308 GTB der Bezeichnung 288 GTO zugrunde liegt. Diesen inoffiziellen Namen erhält der Renner, der letztlich nie auf der Rennstrecke zu sehen ist, zur besseren Unterscheidung vom 250 GTO von 1962. Er entsteht als echtes Evolutionsmodell vom 250 GT für Renneinsätze. Das „O“ steht entsprechend für „Omologato“, also Homologation. Allerdings ist der 250 GTO so radikal und in vielen Punkten so weit vom 250 GT entfernt, dass er zunächst gar nicht von den Sportkommissaren akzeptiert wird. Sein 3,0-Liter-V12 ist 300 PS stark, die Karosserie deutlich aerodynamischer. Tatsächlich fährt der voll straßenzulassungsfähige 250 GTO auf der Rennstrecke alles in Grund und Boden. Trotzdem entstehen insgesamt nur 39 „echte“ 250 GTO, der sich später zum hochkarätigen Sammlerobjekt entwickelt.

Diesen Status genießt auch der 288 GTO, von dem Ferrari nach Auslaufen der Produktion Anfang 1986 interne Evolutionsmodelle auflegt. Was lange Zeit nach einem rein experimentellen Status aussieht, entpuppt sich am 21. Juli 1987 als Erprobung des nächsten Supersportwagens: des F40. Er debütiert offiziell auf der IAA im gleichen Jahr und stellt abermals alles bisher Dagewesene in den Schatten: Sein 2,9-Liter-Turbo-V8 leistet 478 PS, was ihn 324 km/h schnell macht und was abermals ein Rekord ist.

Trotz seines astronomischen Preises von 444.000 DM stehen die Kunden Schlange. Deshalb lässt Ferrari die ursprünglichen Bestrebungen fallen, auch dieses Modell zu limitieren. Letztlich entstehen bis 1992 1.331 Exemplare. Doch selbst diese Zahl kann dem Ansturm nicht gerecht werden, sodass der Handel mit dem F40 skurrile Blüten treibt: Nicht selten wechseln Fahrzeuge für siebenstellige DM-Beträge den Besitzer.

Obwohl der F40 ohne konkrete Einsatzpläne für den Motorsport gebaut wird, faszinieren sein Design und seine Mechanik durch reinrassige Renntechnik. Besonders markant ist der Heckflügel. Es ist das erste Mal, dass Ferrari ein aerodynamisches Bauteil so prominent einsetzt. Das zweite und bislang letzte Mal geschieht das 1995 beim F50. Steht der Name des F40 für den 40. Firmengeburtstag,

Rares Meisterstück: Der 250 GTO von 1962 ist ein echtes Homologationsmodell für den Motorsport.

Ikone in hoher Stückzahl: Der F40 revolutioniert 1987 den Sportwagenbau mit hochkarätiger Rennwagentechnik.

greift der F50 dem 50. Jubiläum zwei Jahre vor. Äußerlich hat der F50 mit dem F40 nur so lange Ähnlichkeit, solange der F50 sein Hardtop montiert hat. Denn eigentlich ist er ein offener Roadster, was nur scheinbar einem motorsportlichen Background entgegenwirkt. Denn der F50 ist gespickt mit Formel-1-Technik, was sich schon beim 4,7-Liter-V12-Motor zeigt, der direkt aus dem Grand-Prix-Sport abgeleitet ist. Mit 520 PS ist er auch klar stärker als der F40, allerdings kaum schneller. Auch die Karosserie ist durchwegs aus Carbon-Verbundstoff und außergewöhnlich verwindungssteif. Und diesmal hält sich Ferrari an die angekündigte Restriktion: Bis 1997 entstehen 349 Exemplare vom F50.

Teilverkleidete Kotflügel: Die vorderen Radhäuser des Enzo sind zu den Türen hin offen.

wodurch das Regelsystem erst später aktiv wird.

Die Einstellungen betreffen allerdings nicht nur die ASR, sondern das gesamte Fahrzeug-Setup, also auch Dämpfer- und Gaspedalkennlinien sowie die Gangwechselzeiten der F1-Schaltung. Im Bedarfsfall reichen 150 Millisekunden für den Wechsel zweier Gänge, was das System nochmals schneller macht als beim 360 Modena und dem kurz zuvor erschienenen 575M Maranello.

Freilich ist es nicht nur die Schaltgeschwindigkeit, die den Enzo beim Getriebe so außergewöhnlich machen: Vielmehr ist es der Umstand, dass er ausschließlich mit der F1-Schaltung erhältlich ist. Damit wird er zum ersten Ferrari, den es nicht wenigstens auf Wunsch mit klassischer Kulissenschaltung gibt. Diese Zäsur macht deutlich, welches Potenzial Ferrari in der sequenziellen Halbautomatik sieht. Entsprechend beflügelt die Tatsache, dass der Enzo nur mit der Sechsgang-F1-Schaltung zu haben ist, die Nachfrage nach dem sequenziellen Getriebe bei den anderen Modellen. Neidfaktor, weil im Enzo überhaupt erstmalig erhältlich, besitzt

Gut erkennbar: Die beiden schwarzen Enzo unterschieden sich deutlich vom FXX.

indes das Lenkrad. Gleich aus zwei Gründen wünschen sich Käufer des „360“ ein ebensolches Volant für ihren Ferrari – vergeblich. Zum einen fasziniert das Enzo-Lenkrad, das im oberen Bereich abgeflacht ist, genau an dieser Stelle durch ein LED-Band in den Farben grün, gelb, rot, die einen zusätzlichen Drehzahlmesser darstellen; zum anderen sind auf dem Lenkrad zahlreiche zusätzliche Funktionen angebracht. Aber nicht, wie bei herkömmlichen Pkw, für die Radioverstellung oder die Freisprechanlage. Im Enzo sind die oben beschriebenen ASR-Wahlschalter, andere „Helfer“ und Tasten für die Blinker und den Rückwärtsgang angeordnet.

Der Rest des Innenraums fällt weitgehend spartanisch aus. Einzig der rote Startknopf in der Mittelkonsole und die bunt (in Wagenfarbe) hinterlegten Drehzahlmesser und Tachometer (bis 400 km/h) stechen ins Auge. Letztere sind optisch so präsent, dass das neue Multifunktions-Display links daneben völlig untergeht. Ansonsten dominiert dunkles Carbon das Interieur. Farbtupfer gibt es höchstens dann, wenn ein Kunde beim Leder vom üblichen Schwarz abweicht.

Wer vermutet, die Ledersitze hätten den Komfort eines Clubsessels, irrt gewaltig. Das Leder dient lediglich als dünner Bezug für knallharte Kohlefasersitze. Immerhin gewährt Ferrari den wenigen erwählten Kunden das Formel-1-artige Erlebnis einer

Maserati MC12

Enzos Bruder

Vom ersten Moment der Planungen an steht fest, dass sich Ferrari mit dem Enzo nicht im Motorsport engagieren wird – trotz des Potenzials des Fahrzeugs. Doch ein Partner kann dies tun: Maserati. Schließlich gehört die Marke mit dem Dreizack inzwischen zu Ferrari, und motorsportliche Erfolge würden dem frisch renovierten Traditionshersteller durchaus gut tun. So darf sich Maserati am Baukasten des Ferrari Enzo bedienen, muss aber gewisse Vorgaben einhalten. Der Supersportwagen darf nicht stärker und schneller als der Ferrari Enzo sein und keine Haupteinnahmequelle für Maserati werden. Darum wird seine Fertigung auf 50 Exemplare limitiert. Der Bruder aus Modena hält sich an alle Vorgaben, sorgt mit eigenen Ideen für ein beachtliches Auto und stellt 2004 den MC12 vor. Der 6,0-Liter-V12-Motor ist auf 630 PS reduziert, während die auch bei Maserati im Einsatz befindliche F1-Schaltung („Cambiocorsa“) bleibt. Nominal läuft der MC12 „über 330“ km/h, was nicht zuletzt auch damit zu tun hat, dass er ein komplett eigenständiges Design erhält. Dazu gehört ein klassischer Spaltflügel in der Ferrari-F40-Optik und ein herausnehmbares Dachmittelteil – ein Gimmick, um das mancher Enzo-Fahrer seinen Maserati-Kollegen beneidet. Doch nicht nur als aufsehenerregendes Serienfahrzeug tut der MC12 der Marke gut, sondern auch als Rennwagen: Er wird zum großen Dominator der FIA GT-Meisterschaft und erringt in fünf Jahren viermal die Fahrer- und fünfmal die Teamwertung. Dreimal ist er zudem bei den 24 Stunden von Spa-Francorchamps siegreich. In Anlehnung an den FXX stellt Maserati 2006 den 755 PS starken MC12 Corsa vor, der 1,18 Millionen Euro kostet.

individuellen Sitzanpassung. Dazu wird neben der Montagelinie des Enzo, auf der zuvor schon der F50 produziert wird, ein im besten Formel-1-Slang als Sitzkiste bezeichnetes Gestell aufgebaut, in dem Kunden zur Anprobe sitzen können. Hier werden die Entfernungen zum Gas- und Bremspedal festgelegt, der Sportschalensitz im Detail justiert und vor allem die Auswahl zwischen den Sitztypen der Größen S, M, L und XL genommen. Genau in dieser Konfiguration wird schließlich der Enzo an den Kunden ausgeliefert.

Überhaupt spielt das Gewicht eine zentrale Rolle beim Ferrari Enzo. Darum fehlen elektrische Fensterheber, Radio und Klimaautomatik. Einzig wer nachfragt, bekommt eine einfache Klimaanlage kostenfrei mitgeliefert. Das Kohlefaser-Monocoque drückt das Gewicht ebenso wie die Politik der kleinen Schritte: Hier Leichtbaumaterialien, und dort etwas weglassen, sorgt in Summe dafür, dass es der immerhin 4,70 Meter lange Enzo auf nur 1.395 Kilogramm bringt.

Die Zutaten aus geringem Gewicht und hoher Leistung werden mit einer kräftigen Prise Aerodynamik verfeinert. Doch eigentlich ist es keine Prise, sondern ein Orkan, der über den Enzo hinweg zieht. Das Grunddesign schafft Pininfarina, der dem Enzo jede Menge atemberaubender Details zukommen lässt. Zum Beispiel eine Nase, die wie die eines Formel-1-Wagens aussieht. Oder nach vorne klappende Türen, die verblüffende Ähnlichkeit mit denen von Rennsportwagen aus Le Mans haben. Oder auch die fast dosenartig wirkenden vier Heckleuchten.

Garniert wird das Ganze einmal mehr mit einem verglasten Motorraum, einer Motorhaube, die fast das gesamte Heck bloß legt, und dem geforderten Verzicht auf sichtbares Spoilerwerk.

Was nicht heißt, dass er keine hat. Aber sie sind viel dezenter. Wichtiges Element ist einmal mehr der voll verkleidete Unterboden mit definierter Luftführung. Wie schon beim 360 Modena befindet sich in der Fahrzeugmitte eine Öffnung, mit der gezielt Luft unter das Fahrzeug gesogen wird. Zwei verstellbare Flaps kontrollieren dazu die Luftmenge. Am Heck des Fahrzeugs tritt die kanalisierte Luft beschleunigt über einen großen Diffusor mit Stegen wieder aus.

Von der Luft, die über den Enzo hinwegbraust, strömt ein Teil durch die beiden vor-

Startnummer mit Symbolwirkung: Das 30. Exemplar des FXX entsteht für Michael Schumacher, der hier auch selbst am Steuer sitzt.

Fernab jeglicher Zulassungsvorschriften: Alleine schon das weit oben angebrachte Abgassystem wäre dem TÜV ein Dorn im Auge.

Kein Zufall: Oft tritt der FXX pulkweise auf. Ferrari organisiert eigene Events auf Rennstrecken für die Besitzer der Fahrzeuge.

deren Kühler, um dann noch auf der Fronthaube wieder auszutreten. Hinter den Seitentüren fangen große Öffnungen den Wind für die Sauerstoffversorgung des Motors und zur Kühlung ein. Doch das, was über die Haube hinweg geht, trifft auf einen variablen Spoiler. Um ihn zu erkennen, muss man allerdings schon genau hinsehen, denn Pininfarina kaschiert ihn durch die seitlich angebrachten Rückleuchten.

Ohnehin handelt es sich nicht um einen Spaltflügel, sondern um eine Abrisskante. Diese verstellt sich kontinuierlich und nicht in einzelnen Stufen: Bis 80 km/h ist die Aufstellphase, wobei er die Maximalstellung bis 220 km/h behält. Darüber fährt er wieder ein, um dem Erreichen der Höchstgeschwindigkeit nicht im Weg zu stehen. Wie viel Know-how Ferrari auf diesem Gebiet hat, zeigt der resultierende Anpressdruck: Er beläuft sich bei 200 km/h bereits auf 344 Kilogramm, bei 300 km/h auf unglaubliche 775 Kilogramm.

Den Ferrari-Ingenieuren ist indes nicht nur der reine Anpressdruck wichtig, sondern vor allem auch die Balance – schließlich stehen im Enzo nur wenige Fahrassistenten zur Verfügung. Einer davon ist die „Launch Control", mit der sich die sensationellen Fabelzeiten beim Beschleunigen erzielen lassen. Für jene Kundschaft, die daran Gefallen hat, überrascht Ferrari im Herbst 2005 mit einem Fahrzeug, das es in dieser Form noch nicht gegeben hat: dem FXX.

Sein Kürzel ist allerdings kein Pseudonym, wie es beim Enzo-Entwicklungscode FX der Fall ist, sondern bereits fertiger Name. Dieser ist für einen Ferrari genauso ungewöhnlich, wie das gesamte Konzept selbst: Der FXX ist nicht straßenzulassungsfähig, aber auch für den Einsatz im professionellen Motorsport völlig ungeeignet. Trotzdem sind Rennstrecken sein Zuhause: Bei exklusiven Events können sich FXX-Fahrer mit ihrem Fahrzeug austoben und vor allem erproben. Denn es gehört zur festen Philosophie des Programms, dass die Kunden ihr Feedback geben sollen, das in die Entwicklung zukünftiger Ferrari-Supersportwagen fließen soll.

Auf diese Weise werden die Eigentümer zu offiziellen Testfahrern von Ferrari – sicher eine Ehre, für die so mancher „etwas geben" würde. Doch gleich 1,77 Millionen Euro? Denn soviel kostet der FXX, nicht ganz das Dreifache des Enzo. Da ist es fast schon unerheblich, dass einige „Betriebskosten" mit im Preis enthalten sind. Trotz allem muss sich Ferrari keine Sorgen um genügend Piloten machen: Die geplanten 29 Exemplare sind schnell verteilt – durchwegs an von Ferrari selbst ausgewählte treue Kunden, fünf davon aus Deutschland. Als das FXX-Programm schon läuft, entsteht schließlich noch ein 30. Fahrzeug: ein Geschenk an Michael Schumacher.

Vermutlich ist er der Einzige, der wirklich mit dem Geschoss umgehen kann. Denn im Vergleich zum FXX wirkt selbst der Enzo wie ein Normalauto. Weil sämtliche Zulassungsauflagen unter den Tisch fallen kön-

Öffentliches Debüt: Das einzige Mal kann der FXX auf der Bologna Motorshow 2005 von einem breiten Publikum bewundert werden.

nen, muss auf Lärm- oder Abgasemissionen keine Rücksicht genommen werden. Während der Hubraum von 6,0 auf 6,3 Liter nur mäßig steigt, springt die Leistung von 660 auf 800 PS. Auch das Drehmoment wächst und beträgt nun glatte 700 Newtonmeter.

Alles ist viel radikaler, auch weil auf Langlebigkeit keine Rücksicht genommen werden muss. Die Gangwechsel erfolgen nun in nur noch 80 Millisekunden – jene Größenordnung, die auch ein Formel-1-Bolide vorweisen kann. Die Zugkraftunterbrechung ist nicht mehr zu spüren, die Beschleunigung dafür umso mehr: 3,0 Sekunden braucht der FXX bis 100 km/h, nicht zuletzt auch wegen seines weiter reduzierten Gewichts. 1.155 Kilogramm wiegt ein völlig leerer FXX, 100 Kilogramm weniger der leere Enzo. Auch die Aerodynamik wird optimiert, die nun um 40 Prozent mehr Anpressdruck erzeugt.

Im Oktober 2007 kündigt Ferrari an, dass ursprünglich bis 2007 laufende FXX-Programm um zwei Jahre zu verlängern. Bei dieser Gelegenheit können die Kunden ihren FXX updaten lassen. Auf der Hausstrecke von Fiorano bringt diese Aufrüstung eine Zeitverbesserung von zwei Sekunden (1:16 min). Die Leistung steigt auf 860 PS bei extremen 9.500 U/min. Das Getriebe wird an die höheren Drehzahlen angepasst und die Schaltzeiten abermals verkürzt: 60 Millisekunden soll der Gangwechsel nun betragen. Viele Verbesserungen im Detail – von einer neuen Telemetrie bis hin zu einem neuen Aerodynamik-Kit – machen den FXX noch mehr als bisher zum rollenden Forschungslabor. 2009 läuft das Programm aus und findet einen nicht minder interessanten Nachfolger: den 599XX. Auf einen Supersportwagen für die Straße als Enzo-Nachfolger müssen Kunden indes bis heute warten.

Extreme Fahr-Performance: Mit 800 PS und extrem schnellen Schaltzeiten kommt der FXX einem Formel-1-Renner ziemlich nahe.

Ferrari 612 Scaglietti

Königsweg

Die Produktion des Ferrari 456M GT ist gerade richtig angelaufen, da gibt sein Designer ein bemerkenswertes Interview. Befragt nach seinen Visionen im Autodesign äußert Sergio Pininfarina eine scheinbar verrückte Idee: „Ich glaube, dass es möglich sein könnte, ein Front-Mittelmotorfahrzeug zu entwerfen. Das würde ich gerne einmal wagen." Was der Ferrari-Hausdesigner zu diesem Zeitpunkt vermutlich nur ahnt: Es gibt bereits erste Überlegungen seines Hauptauftraggebers für ein solches Unterfangen. Sie betreffen den Nachfolger des 456. Front-Mittelmotor-Layout – die Idee klingt im ersten Moment tatsächlich ein bisschen absurd.

Der klassische Mittelmotorwagen hat sein Triebwerk hinter der Fahrgastzelle, aber noch vor der Hinterachse, wenn auch manchmal nur knapp davor. Beim Front-Mittelmotor-Layout bleibt der Motor vor dem Fahrgastraum. Er wird zwar so weit nach hinten gerückt, dass er sich hinter der Vorderachse befindet, womit er die formalen Ansprüche an ein Mittelmotorfahrzeug – der Motor ist zwischen den beiden Achsen, also in der Mitte – erfüllt. Nachteil: Das Konzept verschwendet Platz, der normalerweise den Fahrgästen zugute kommt.

Der Äußerung von Sergio Pininfarina wird zunächst keine konkrete Bewandtnis zugeschrieben. Erst Ende 2001 erinnern sich Experten wieder an sie, als rund um Maranello besonders skurrile Erlkönige gesichtet werden: Sie sind vergleichsweise wenig getarnt und entsprechen weitgehend der Silhouette des 550 Maranello – mit dem wichtigen Unterschied, dass sie über eine ungewöhnlich lange Fronthaube verfügen. Unter ihr ist genügend Platz, um tatsächlich das Front-Mittelmotorkonzept umzusetzen.

Offensichtlich ist, dass es sich bei den Prototypen nicht um einen Nachfolger für den 550 Maranello handelt, schließlich wird dieser nur wenige Wochen später in Gestalt des 575M Maranello präsentiert – mit nahezu unverändertem Design. Tatsächlich erhalten die Fans der Marke exakt am 8. Juli 2003 Gewissheit, was sich hinter dem Stretch-Modell verbirgt: Ferrari veröffentlicht Zeichnungen zum 456-Nachfolger.

Und wirklich: Schon ihnen ist zu entnehmen, dass Pininfarina für den neuen 2+2-Sitzer eine lange Frontpartie entwickelt hat – die umso länger scheint, weil der vordere Überhang extrem kurz ausfällt.

Klassische Anmutung von hinten: Die doppelten Rundleuchten sind seit Jahrzehnten ein wichtiges Stilmittel von Ferrari.

Breiter Grill: So zurückhaltend das Gesamtdesign des 612 Scaglietti ist, so aggressiv wirkt die Frontpartie.

Ein Blick in die später veröffentlichten technischen Daten fasst den optischen Eindruck in Zahlen: Mit einer Länge von 4.902 Millimetern fällt der Neue fast 20 Zentimeter länger als der 456M GT aus. Drastischer ist der Gewinn beim Radstand, der durch die Position der Vorderachse gleich um 35 Zentimeter auf 2,95 Meter wächst.

Eine weitere Überraschung ist die Namensgebung. Der „große" Ferrari hört auf den Namen 612 Scaglietti. Die Ziffernfolge ist eine großzügige Interpretation aus sechs Litern Hubraum (tatsächlich hat das Fahrzeug nur 5,75 Liter) und zwölf Zylindern. Ganz ungewohnt ist der Zusatz, der eine Hommage an Sergio Scaglietti ist. Dessen Carrozzeria Scaglietti ist es, die in den 1950er- und 1960er-Jahren die Designentwürfe von Pininfarina in echte Blechkarossen dengelt. Das in Modena ansässige Unternehmen ist Ferraris Karosseriezulieferer Nummer eins und geht 1975 sogar in Ferrari-Besitz über.

Modellübersicht

612 Scaglietti	
seit 2004:	5,75 l / 540 PS

So wichtig Scagliettis Beitrag in der Ferrari-Geschichte zweifelsohne ist, so sehr äußern Skeptiker Zweifel daran, ob gerade bei der US-amerikanischen Durchschnittskundschaft der Begriff und seine Aussprache nicht für Irritationen sorgen. Doch schon bei der offiziellen Premiere des 612 Scaglietti zeigt sich, dass diese Sorge unbegründet ist: Das neue Coupé debütiert offiziell im Januar 2004 auf der North American International Auto Show (NAIAS) in Detroit und kommt dort bei Kunden und Messebesuchern fantastisch an.

Fernab der Heimat stört es auch nicht, dass der 612 Scaglietti stilistisch ein Neuanfang ist, der kaum mehr etwas mit seinen Vorgängern zu tun hat. Vielleicht deshalb sucht Ferrari die Nähe zu historischen Modellen, die als Designvorbilder dienen. An erster Stelle steht der „Bergman-Ferrari", eine Sonderanfertigung für den Filmregisseur Roberto Rossellini, der diese seiner damaligen Frau schenkt, der Schauspielerin Ingrid Bergman. Auch wenn das Fahrzeug auf einem 375 MM basiert und ein reiner Zweisitzer ist, so weist es doch einen besonders langen Radstand mit langer Motorhaube auf.

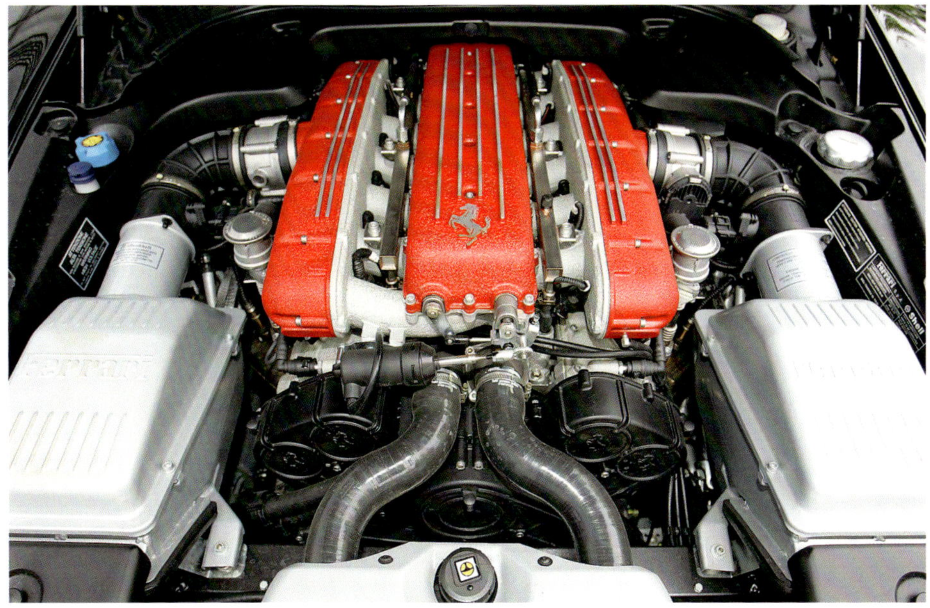

Klassik trifft Moderne: V12-Motor und Rundinstrumente gehören fest zu Ferrari, die Triebwerkspositionierung hinter der Vorderachse und das Multifunktionslenkrad sind neu.

Sergio Pininfarina erstellt keine 1:1-Kopie des Ferrari von 1953, sondern ergänzt und verfeinert sie mit Elementen. Gleichwohl gelingt es ihm, einige Memorabilia des 375 MM „Bergman“ geschickt zu platzieren. Zum Beispiel die konkave Wölbung an den Flanken oder die spitz auslaufenden vorderen Kotflügel. Letztere sind dadurch realisierbar, dass der 612 Scaglietti serienmäßig Bi-Xenon-Licht bekommt, dessen Leuchten eng zusammenstehen.

Die Heckpartie erinnert indes eher an den aktuellen 575M Maranello, fällt aber eine Spur glatter aus – sowie überhaupt die gesamte Formgebung sehr weich wirkt. Einzig der extrem breite und flache Kühlergrill zeugt von stilistischer Aggressivität und betont auch optisch die Maße des „612“: Mit seiner Breite von 1,95 Metern erreicht er auch in diesem Punkt das Format einer Mercedes S-Klasse.

Einen eher zweifelhaften Spitzenplatz erreicht der 612 Scaglietti beim Gewicht. Er bringt 1.840 Kilogramm auf die Waage. Dass es letztlich so viel ist, ist nicht nur den Grundabmessungen geschuldet, sondern auch dem Komfortanspruch, den sich Ferrari selbst auferlegt. Der „612“ wird zum Ferrari für Genussmenschen erklärt, denen es an Bord an nichts fehlen soll.

Trotzdem lässt Ferrari nichts unversucht, das „Gewichtsproblem“ in den Griff zu kriegen – andernfalls hätte der 612 Scaglietti vermutlich die 2,0-Tonnen-Marke gesprengt. So bekommt er ein Chassis mit Space-Frame-Technologie, bei der leichtes Aluminium und Verbundmaterialien zum Einsatz kommen. Außerdem ist das neue Coupé das erste Zwölfzylindermodell im Haus, dessen Karosserie vollständig aus Aluminium besteht. Das kommt auch der Fahrzeugsteifigkeit zugute.

Auch wenn die 1.840 Kilogramm im ersten Moment irritieren: Fest steht jedenfalls, dass Ferrari konsequent, mit großem Aufwand und mit gutem Erfolg gegen das Gewicht ankämpft.

Einen Volltreffer landet Ferrari beim Ziel, trotz der Abmessungen, des Gewichts und des Frontmotors ein sportliches Handling zu erzeugen. Weil Pininfarinas Traum in Erfüllung geht und er das Front-Mittelmotor-Layout umsetzen kann, besitzt der 612 Scaglietti eine außergewöhnliche Achslastverteilung. Obwohl das große V12-Triebwerk vorne ist, ruhen lediglich 46 Prozent des Gewichts auf der Vorderachse, 54 Prozent dagegen auf der Hinterachse. Damit erreicht der „612“ eine Verteilung, die nahe der eines normalen Mittelmotorfahrzeugs ist. Das macht sich beim Fahren bemerkbar. Sein Handling ist präzise und klar berechenbar. Wie jedes moderne Auto neigt er beim Einlenken in Kurven zunächst zum Unter-

Geduckte Silhouette: Trotz seines Anspruchs, ein 2+2-Sitzer zu sein, ist der „612" ziemlich flach.

steuern, das sich erst bei zunehmendem Lenkeinschlag in ein Übersteuern verwandelt. Geradezu mustergültig sind seine Lastwechselreaktionen, erst recht wenn man das hohe Fahrzeuggewicht und den langen Radstand berücksichtigt. Gleichwohl ist der 612 Scaglietti nicht ganz so bissig wie der Rest der Modellpalette: Wie schon seine Vorgänger sind seine Käufer überwiegend gediegende Herren, nicht selten aristokratischer Herkunft.

Zu diesem Image passt, dass im „612" eine neue Technologie ihr Debüt gibt: CST, was für Controllo Stabilità e Trazione steht. Die elektronische Stabilitäts- und Traktionskontrolle im Stile eines ESP sorgt in kritischen Fahrsituationen für mehr Fahrsicherheit, indem einzelne Räder gezielt abgebremst werden. Dabei arbeitet CST Hand in Hand mit dem ABS und der ASR und erleichtert gerade bei Nässe selbst überdurchschnittlich talentierten Fahrern den Umgang mit dem Fahrzeug.

Gut ein Jahr nach dem Anlaufen der Produktion stellt Ferrari allerdings doch ein GTC-Handlingpaket für sportlich ambitionierte Piloten vor. Ähnlich wie das des 575M Maranello besteht es in erster Linie aus einer Carbon-Keramik-Bremsanlage, einer markanten Sportabgasanlage, 19-Zoll-Rädern und einer sportlichen Fahrwerksabstimmung. Immerhin verlangt Ferrari dafür 23.205 Euro – zuzüglich rund 220.000 Euro für das Basisfahrzeug.

Für diesen Preis bekommen die Kunden das bis dahin stärkte Ferrari-Serienfahrzeug, abgesehen vom limitierten Enzo. Stattliche 540 PS bietet der „612", dazu ein maximales Drehmoment von 588 Newtonmetern bei 5.250 Umdrehungen. Sie werden dem bekannten V12-Motor des 575M Maranello entlockt, der in seinen Grundzügen auf den 456 GT von 1992 zurückgeht. Der 612 Scaglietti übernimmt damit nicht nur die 65-Grad-Anordung der Zylinderbänke und die Trockensumpfschmierung, sondern auch den Zahnriemenantrieb der Nockenwellen – bis auf Weiteres zum letzten Mal in der Geschichte von Ferrari.

Ferrari 612 Scaglietti K Pininfarina

Mit einer Prise nachgeschärft

Was zunächst völlig normal ist, wird spätestens in den 1970er-Jahren zum Tabu. Personalisierte Ferrari-Fahrzeuge, Einzelstücke und Umbauten. Ganze Heerscharen gut betuchter Kunden träumen noch bis in die 1990er-Jahre hinein davon, ein persönliches Einzelstück – natürlich unter offizieller Zustimmung des Werks (alles andere wäre ja einfaches Tuning) – zu erhalten. Anfang des neuen Jahrzehnts ändert Ferrari seine Politik und erlaubt mit ausgesuchten Designern individuelle Sonderlösungen zu entwickeln. Technische Modifikationen bleiben dabei untersagt. Einer, der davon Gebrauch macht, ist 2006 der New Yorker Peter S. Kalikow. Er stellt sich einen individuellen 612 Scaglietti vor, dessen Raffinessen selbst geübte Kenner erst auf den zweiten Blick wahrnehmen sollen. So bekommt sein Fahrzeug einen prägnanteren Kühlergrill mit Gitterstruktur, eine Lufthutze im Stil seines eigenen Ferrari 410 Superamerica und Rückleuchten à la F430. Ungewöhnlich wird auch das Dach, das zwei große, feste Glasflächen enthält und darüber hinaus auch Solarzellen zur Standlüftung.

Um die 25-Mehr-PS gegenüber dem 575M Maranello zu generieren, müssen die Techniker von Ferrari tief in die Trickkiste greifen – schließlich gilt das Triebwerk als bereits ausgereizt. Er bekommt eine höhere Verdichtung, die jetzt 11,2:1 beträgt. Auch kommt eine neue Abgasanlage zum Einsatz, die den Gegendruck spürbar reduziert. Ebenso werden das Einspritzsystem und der Ansaugtrakt verbessert.

Die Leistung des neuen V12-Motors lässt die Größe und das Gewicht des Wagens in den Hintergrund treten: Nicht nur, dass er 320 km/h schnell ist, er spurtet auch in nur 4,2 Sekunden auf Tempo 100. Bemerkenswert: Die Sprintdauer ist unabhängig davon, welches Getriebe montiert ist – konventionelle oder sequenzielle Sechsgangschaltung. Lediglich beim Sprint auf 1.000 Meter schafft es die 7.000 Euro teurere F1-Version, eine knappe Zehntelsekunde schneller zu sein. Unabhängig von der Ausführung der Gangwechsel ist die Lage des Getriebes immer gleich: an der Hinterachse in Transaxle-Bauweise.

Einen Quantensprung stellt allerdings das Innenraumdesign dar. Es hat nichts mehr mit den bereits existierenden Modellen gemein und überrascht durch viele komplett neu gezeichnete Bedienelemente. Das sieht man zum Beispiel in der Mittelkonsole an den Reglern zu Klimatisierung, an den Lüftungsdüsen sowie am und hinter dem Lenkrad. Auf dem Lenkrad sind erstmals Kontrollknöpfe zu finden – wenn auch nicht in der radikalen Ausprägung des Enzo und späterer Ferrari-Modelle. Hinter den Lenkrad und den eventuell vorhandenen Schaltwippen präsentiert sich ein neuer Instrumententräger mit einem mittigen Drehzahlmesser, rechts daneben einem Tacho bis 340 km/h und links daneben einem großen Farbdisplay. Auf ihm können die unterschiedlichsten Informationen abgerufen werden.

Ungewohnte Proportionen: Hohe Schulterlinie und langer Radstand.

In memoriam: Die Plakette im Innenraum erinnert an die jüngsten Erfolge in der Formel 1.

Während der Innenraum von außen betrachtet eher knapp geschnitten wirkt, entpuppt er sich als deutlich größer als beim Vorgänger. Alleine schon das Fond ist um 7,5 Zentimeter länger. Eine tiefere und zugleich ergonomischere Sitzposition sorgt dafür, dass die Plätze auch tatsächlich zu benutzen sind – für kurze Strecken oder mit Kindern auf jeden Fall.

Der 612 Scaglietti pflegt wie alle seine Vorgänger eine Karriere in Bescheidenheit: Die jährlich produzierten Stückzahlen bleiben überschaubar. Im Juni 2007 wird ihm allerdings die Ehre zuteil, offizielles Fahrzeug zum 60-jährigen Firmenjubiläum zu werden. Dazu entsteht die Sonderserie 612 Scaglietti Sessanta in einer Auflage von nur 60 Stück. Technisch bleibt sie weitgehend unverändert und zeichnet sich vor allem durch eine noch üppigere Verwendung von Leder im Innenraum aus, durch eine leichte Überarbeitung des Interieurs (unter anderem mit neuem Multifunktionslenkrad,

Gebäude mit langer Ferrari-Tradition: Am alten Werkstor (rechts) kommt jeder Tourist vorbei, aber kaum einer hinein. Genauso schwierig ist ein Besuch des Hauses von Enzo Ferrari (ganz rechts), das sich auf dem Gelände der Rennstrecke befindet.

Maranello, Heimat von Ferrari

Nahezu jede Automobilmarke hat eine Stadt, die in unmittelbarer Verbindung zu ihr steht: Mercedes und Stuttgart, Porsche und Stuttgart-Zuffenhausen, Audi und Ingolstadt oder BMW und München. Doch nirgendwo ist die Verquickung intensiver (selbst bei Volkswagen und Wolfsburg nicht) als zwischen Ferrari und Maranello.

Das hat sicher auch rein formale Gründe. Die Kleinstadt knapp 20 Kilometer südwestlich von Modena hat gerade einmal 16.000 Einwohner – verständlich, das ein Industriebetrieb wie Ferrari mit fast 3.000 Angestellten eine wichtige Rolle spielt. Doch die Region gilt nicht als sonderlich strukturschwach: In einem Umkreis von 50 Kilometern gibt es mit Maserati, Lamborghini und einigen Spezialfirmen noch weitere Arbeitgeber in der gleichen Sparte und vor allem reichlich Unternehmen aus der Keramikbranche.

Tatsächlich dürfte es auch eher an der hohen Besucherquote liegen, weshalb Maranello weit mehr ist, als ein verschlafenes Provinznest, das von Herbst bis Frühjahr in nasses, nebliges Grau und ansonsten in verbranntes Braun gehüllt ist. Denn jährlich strömt ein Vielfaches der Einwohnerzahl nach Maranello: Ferrari-Käufer, die ihr Fahrzeug übernehmen möchten, Fans, die ihrem Traum so nahe wie möglich sein wollen, Kunden, die auf Werksbesichtigungen hoffen, ahnungslose Touristen, bei denen die Stadt auf dem vorgeschriebenen Pflichtprogramm steht, sowie Prominente, die sich im Glanz von Ferrari sonnen wollen.

Zeichen und Symbole: Kaum ein Haus, das nicht von dem springenden Pferd geschmückt wird. In zahlreichen Geschäften gibt es Erinnerungsstücke aller Art (rechts). Aber auch ohne Markenlogo ist der Kult präsent, zum Beispiel mit einer Büste von Ex-Rennfahrer und Volksliebling Gilles Villeneuve (ganz rechts).

Nicht zu vergessen die Formel-1-Fans. Denn eine der vielen Attraktionen, die Maranello zu bieten hat, ist die Werksrennstrecke von Ferrari. Dort drehen nicht nur Kunden in ihren Fahrzeugen sowie Testfahrer mit neuen Modellen ihre Runden, sondern auch das Grand-Prix-Team. Der Clou dabei: An vielen Stellen ist die Strecke gut einsehbar. Gerade zu Zeiten von Michael Schumacher tummeln sich daher bei Testfahrten mehr Zaungäste rund um die „Pista Fiorano" als bei mancher Rennveranstaltung. Die Strecke selbst ist nicht zu übersehen: Sie liegt – aus Richtung Modena von der Autobahn kommend – unmittelbar am Ortseingang von Maranello.

Näher kommt man den Formel-1-Rennern nur in der Galleria Ferrari. Das Werksmuseum ist gut ausgeschildert und befindet sich in der „Viale Alfredo Dino Ferrari" (siehe Seite 23). Die „Gestione Sportiva", die Sportabteilung von Ferrari, ist dagegen wie Fort Knox vollständig abgeriegelt. Blicke ins Allerheiligste sind seit Jahren völlig unmöglich. Trotzdem pilgern viele Fans in die „Via Alberto Ascari", die sich zwischen Rennstrecke und Ferrari-Hauptwerk befindet.

Letzteres liegt direkt linkerhand an der Haupteinfallstraße: Der backsteinfarbene Bau scheint sich seit 50 Jahren kaum verändert zu haben. Das berühmte Portal dient heute als Besucher-Haupteingang – wobei Besuche des Ferrari-Werks grundsätzlich nur nach Voranmeldung und, offiziell zumindest, nur für Kunden möglich sind. Den meisten Besuchern bleibt also lediglich die Möglichkeit eines Erinnerungsfotos vor dem Torbogen, durch den schon Rennfahrergrößen wie Niki Lauda, Gerhard Berger oder Michael Schumacher schritten.

Ungleich spannender ist es, von der „Via Abetone Inferiore“, an der sich der Haupteingang befindet, in die „Via Luigi Musso“ abzubiegen und am Werksgelände entlangzufahren. Hier befindet sich der Hinterausgang, durch den regelmäßig Erprobungsfahrzeuge schlüpfen. Wer weiterfährt, sieht das neue Gesicht von Ferrari: den Windkanal sowie hinter viel Glas und Stahl Logistik und Administration.

Der eigentliche Reiz ist allerdings weniger das offizielle Gesicht von Ferrari. Spannender ist es, den Mythos an anderen Stellen zu erleben: In Bars und Restaurants zum Beispiel. Ihre Wände zieren Autogramme und Fotos und jeder Besitzer weiß irgendwelche Anekdoten rund um Ferrari zu berichten. Ähnlich sieht es in den unzähligen Shops aus, in denen alle Arten von Automobilia angeboten werden. Neben dem offiziellen Ferrari-Merchandising, Modellautos und Büchern sind dort auch echte Raritäten zu entdecken: Alte Fotografien und Ferrari-Prospekte, Merchandising aus vergangenen Jahrzehnten, Autogramme oder andere „Devotionalien“. Doch auch hier gilt: Nicht nur ein Ferrari-Sportwagen ist teuer, sondern alles, was das springende Pferdchen ziert.

Einer der letzten großen Auftritte: Der überarbeitete 612 Scaglietti auf dem Genfer Autosalon 2010. Längst läuft die Erprobung eines Nachfolgers.

Bose-Soundsystem und großem Navi-Bildschirm) und ein elektrochromatisches Glasdach, dessen Lichtdurchlässigkeit per Knopfdruck gesteuert werden kann.

Kurz vor dem Firmenjubiläum legt Ferrari auf Wunsch zweier Märkte bereits zwei nationale Sonderserien auf, die sich in Details und Ausstattungen vom Serienmodell unterscheiden: So entstehen bereits 2006 der 612 Scaglietti GP für die Schweiz in einer Auflage von neun Exemplaren und kurz darauf die 612 Scaglietti Sonderedition zum 30. Firmenjubiläums des japanischen Ferrari-Importeur Cornes – limitiert auf 30 Exemplare.

Das Sondermodell „Sessanta“ greift der Modellüberarbeitung voraus, die der 612 Scaglietti 2008 erhält. Während er technisch ebenfalls unverändert bleibt, sorgen Designdetails am Exterieur für eine Unterscheidbarkeit – zumindest für Experten. So besitzt der Neue einen Kühlergrill mit Chromeinfassung und „stärker“ verchromten Längsstreben. Parallel dazu präsentiert Ferrari auf dem Genfer Salon das neue Individualisierungsprogramm „One to one“, das zunächst exklusiv für den 612 Scaglietti angeboten wird. Nicht zuletzt dadurch wird der 2+2-Sitzer fit für den Rest seines „Lebens“: Bereits 2011 ist mit seinem Nachfolger zu rechnen.

Ferrari F430

Enzos Erbe

Der beste Ferrari ist immer, der erst noch gebaut wird.“ Mit diesem knappen Satz drückt Enzo Ferrari mehrfach sein Verhältnis zu seinen Fahrzeugen aus. Einem Klassiker hinterher zu trauern oder ein bestimmtes Modell rückwirkend als besondere Ikone zu stilisieren, kommt für ihn nicht in Frage. Seine konsequente Vorwärtsgewandtheit steht bald schon im klaren Widerspruch zu den tatsächlichen Marktgegebenheiten: Nicht wenige Modelle erzielen als „Gebrauchtwagen“ unglaubliche Preise, die nicht selten weit über denen neuer Ferrari-Modelle liegen.

Dort ist er gut aufgehoben: Ferrari F430 auf der Rennstrecke. Hier ist sein Leistungsplus gegenüber dem 360 Modena deutlich spürbar.

Fahrzeuge wie 250 GTO oder 250 Spider California erreichen zum Beispiel schon wenige Jahre nach ihrem Produktionsende ungeahnte Preisniveaus – was sich nur damit erklären lässt, dass Sammler nicht der strengen Linie Enzo Ferraris folgen und klassische Modelle als mindestens ebenbürtig mit aktuellen Fahrzeugen ansehen.

Augenscheinlich schwimmt Ferrari im ersten Jahrzehnt des neuen Jahrtausends auf einer Erfolgswelle: In der Formel 1 wird Sieg um Sieg eingefahren, und längst sind „die Roten“ fest auf den Weltmeistertitel abonniert. Zusammen mit der prächtigen Weltwirtschaftslage treibt das die Absatzzahlen mächtig an. Nicht einmal die Terroranschläge am 11. September 2001 können die Nachfrage auf dem wichtigen US-Markt dauerhaft bremsen.

Der Run auf Sportwagen und sportliche Automobile hat für Ferrari aber auch eine Kehrseite. Denn obwohl man mit Maserati eine Allianz bildet und somit in Summe mehr Fahrzeuge verkaufen kann, sind die Produktionszahlen für Ferrari beschränkt. Hinzu kommt vor allem, dass immer mehr Hersteller in das Segment drängen, das zwar wächst, aber doch Grenzen hat. Muss sich Ferrari bislang im Wesentlichen mit Porsche, Lamborghini und Aston Martin auseinandersetzen, kämpfen nun auch AMG Mercedes, Audi und Exoten wie Bugatti, Pagani oder Koenigsegg um potenzielle Ferrari-Kunden.

Genau deswegen verstärkt aber auch die herkömmliche Ferrari-Konkurrenz ihre Anstrengungen spürbar – was das springende Pferd gehörig unter Druck setzt. Besonders stark ist davon der 360 Modena betroffen, der sich einer immer jüngeren und stärkeren Konkurrenz erwehren muss. Als Reaktion darauf besinnt sich das Ferrari-Manage-

Enzos Gene: Zu den stilistischen Merkmalen des F430 gehören die dreidimensionalen Rückleuchten, die auch schon am Ferrari Enzo zum Einsatz kommen.

ment des alten Grundprinzips von Enzo Ferrari: Der Neuste ist der Beste. Oder übertragen auf die Lage: Ein neuer Ferrari ist die beste Lösung. Überlegungen, das Leben des 360 Modena mittels eines Facelifts zu verlängern, werden fallen gelassen, obwohl Coupé und Spider erst wenige Jahre alt sind. Einziger nennenswerter Verkaufsimpuls ist die Vorstellung des 360 Challenge Stradale, dessen Erfolg letztlich deutlich macht, dass der „360" nicht grundsätzlich überholt ist – die Rekordzahl von 17.500 Auslieferungen spricht ohnehin eine andere Sprache.

Modellübersicht

F430	
2004-2009:	4,3 l / 490 PS
F430 Spider	
2005-2009:	4,3 l / 490 PS
430 Scuderia	
2007-2009:	4,3 l / 510 PS
Scuderia Spider 16M	
2008-2009:	4,3 l / 510 PS

So debütiert, für viele etwas überraschend, im Herbst 2004 auf dem Pariser Autosalon der Nachfolger des 360 Modena. Zwar sind zuvor regelmäßig verklebte Erlkönige rund um Maranello gesichtet worden, die aber genauso gut Evolutionsmodelle des V8-Renners hätten sein können. Aber genau das ist der Neue nicht: Der Begriff Evolution ist so wenig angebracht, wie ihn als „kleinen Ferrari" zu bezeichnen.

Selbst die Namensgebung ist nur eine stark reduzierte Fortführung des Vorgängermodells: F430 heißt der neue V8-Sportwagen, ohne markanten Namenszusatz – kein Mugello, Monza oder Imola. Dafür aber wieder mit F davor, wie zehn Jahre zuvor schon F50, F355 und F512M. Wenigstens die 360er-Logik wird weitergeführt: Der F430 hat 4,3 Liter Gesamthubraum.

„Best of Ferrari" kommentiert ein Händler auf dem Messestand jenes Modell, das in allen folgenden Modellvarianten bis zu zwei Drittel der gesamten Produktion ausmacht: Auf den ersten Blick – insbesondere von vorne – sind die bulligen Proportionen des

360 Modena zu erkennen. Kurz darauf folgt die Erkenntnis, das auch der Enzo seine Vaterschaft nicht leugnen kann: Gerade das Heck und speziell die Rückleuchten scheinen fast unverändert übernommen zu sein. Auch technisch steuert der Supersportwagen, dessen Produktion zu diesem Zeitpunkt dem Ende entgegen geht, einiges bei – vor allem aber auch der brandneue 612 Scaglietti. Doch das ist natürlich nicht zu sehen.

Wie schon sein Vorgänger besitzt der F430 eine Aluminium-Karosserie. Und er übernimmt auch dessen Abmessungen. So bleibt der 2,60 Meter lange Radstand völlig gleich, ebenso Breite und Höhe. Und der marginale Zuwachs von vier Zentimetern mehr Länge ist kaum wahrnehmbar. Tatsächlich sind die übereinstimmenden Maße alles andere als ein Zufall: Ferrari erlaubt sich, Komponenten wie Hauben, Türen und Dachpartie unverändert vom 360 Modena zu übernehmen.

Der flüchtige Betrachter nimmt beim Blick von schräg vorne als erstes wieder die beiden Lufteinlässe wahr, die das Design des „360“ – und nun auch des „430“ – prägen. Erst beim genauen Hinsehen wird deutlich, dass die Aerodynamiker die Öffnungen optimieren und noch vor den Vorderrädern zusätzliche Schlitze platzieren. Außerdem lässt Pininfarina die Frontlichter merklich kompakter werden, was möglich ist, weil der F430 serienmäßig mit Bi-Xenon-Licht ausgestattet ist.

Noch weniger als beim 360 Modena werden Ferrari und Pininfarina nicht müde, die historischen Designanleihen hervorzuheben: Eben jene großen Haifischöffnungen am Bug, die einst auch den legendären Formel-1-Renner 156 F1 zierten. Oder die großen Luftsammler auf den hinteren Kotflügeln, die so mächtig sind wie beim 250 LM, dem ersten Mittelmotor-Sportwagen von Ferrari. Leichter wahrzunehmen ist dagegen die

Drei in Reihe: Zweisitzige Spider sind seit den 1990er-Jahren bei Ferrari wieder gefragt.

Kein Irrtum: Wie in den meisten Ferrari des neuen Jahrtausends fehlt auch in diesem Fahrzeug das Kupplungspedal, was Kennzeichen der F1-Schaltung ist.

Berühmte Orte: Die Ferrari Challenge gastiert auf legendären Rennstrecken. Unter anderem sind die Berliner Avus (rechts) und der anspruchsvolle Ardennenkurs von Spa-Francorchamps (ganz rechts) Austragungsorte.

Ferrari Challenge

Motorsport wird Anfang der 1990er-Jahre immer populärer. Vor diesem Hintergrund entwickelt Ferrari im Herbst 1992 einen Markenpokal – also eine Rennserie, die identischen Fahrzeugen vorbehalten ist. Zwei Punkte unterscheiden dabei das Konzept von anderen Markenpokalen: Als potenzielle Teilnehmer hat Ferrari natürlich Kunden im Auge. So ist der Besitz eines eigenen Ferrari obligatorisch. Allerdings sprechen die Italiener mit ihrem Konzept ausschließlich Gentleman-Driver an, keine Profis. Spaß und Begeisterung sollen im Mittelpunkt stehen, nicht die knallharten Fights und aufwendige Abstimmungsarbeit.

Außerdem muss die Renntechnik auf vorhandene Fahrzeuge adaptierbar sein, ohne die Straßenzulassung zu verlieren. Denn die Ferrari-Manager glauben, dass ein Großteil der Kunden ihren Wagen weiter im Straßenverkehr bewegen möchte. So entsteht für die Saison 1993 die Ferrari 348 Challenge – zum einen in einer rein italienischen, zum anderen in einer zentraleuropäischen Ausgabe. Letztere umfasst einen Lauf in Frankreich, Belgien, Österreich, den Niederlanden und Deutschland sowie ein gemeinsames Finale in Italien. Startberechtigt sind 348 tb und 348 ts. Tatsächlich sind es aber nur wenige offene Spider, die sich auf die Rennstrecke verirren. Sie fahren natürlich mit geschlossenem Dachmittelteil. Technisch werden alle Fahrzeuge bei Ferrari-Händlern mit einem Challenge-Kit ausgestattet. Es besteht in erster Linie aus Sicherheits-Equipment wie Überrollkäfig, Schalensitz mit Sechspunktgurten und Zündunterbrechungsschalter. Die Leistung bleibt indes unverändert, und auch am Fahrwerk sind kaum Änderungen zugelassen. Immerhin starten die Fahrzeuge auf Slicks.

Vielleicht ist das alles tatsächlich eine Spur zu wenig, denn für die Zuschauer wirken die „348“ auf der Strecke wenig spektakulär. Gemessen an einem reinrassigen Rennwagen ist der Motor-Sound bescheiden und die Neigung der Karosserie in schnellen Kurven vergleichsweise stark. Doch der Begeisterung der teilnehmenden Fahrer tut das keinen Abbruch: ihr Ehrgeiz ist geweckt.

Der Challenge-Boom führt im Folgejahr dazu, dass eine dritte europäische Serie für Westeuropa aufgelegt wird sowie ein Championat in Nordamerika, ab 1995 auch in Japan. Startberechtigt sind nun zusätzlich auch die neuen 348 GTB und 348 GTS. Obwohl sie 20 PS stärker sind, fahren sie mit 348 tb und 348 ts in einer gemeinsamen Wertung. Noch im gleichen Jahr stellt Ferrari-Formel-1-Pilot Jean Alesi die Challenge-Version des F355 Berlinetta vor. Das zunächst angedachte Konzept eines Rennfahrzeugs ab Werk verwirft Ferrari aber noch einmal: Letztlich ist es wieder ein Nachrüstsatz, der allerdings viel weiter als beim „348“ reicht – so weit, dass die Fahrzeuge ihre Straßenzulassungsfähigkeit verlieren.

Vorzeichenwechsel: Dem F430 Challenge wird bei seinem Debüt 2005 ein Messeauftritt auf der IAA eingeräumt (unten) – davon ist 1993 der 348 Challenge meilenweit entfernt (rechts, das Meister-Fahrzeug von Bernd Hahne).

Ab 1995 heißt die Rennserie nur noch Ferrari Challenge. In dieser Saison dürfen noch „Altfahrzeuge“ in einer eigenen 348-Wertung mitfahren. Ab 1996 sind – zumindest in Europa – die Piloten des F355 Berlinetta Challenge unter sich. Eine größere technische Überarbeitung erfahren die Rennfahrzeuge für die Saison 1998. Diese ist am obligatorischen Heckflügel zu erkennen.
Kurz nach Erscheinen des 360 Modena wird auch dessen Challenge-Version vorgestellt – zum ersten Mal als Komplettfahrzeug ab Werk, ohne jegliche Straßenzulassung. Wichtiges Detail: Auch die F1-Schaltung ist mit an Bord, ebenfalls Anschlüsse für die Telemetrie. Überdies ist der 360 Modena Challenge deutlich konsequenter „leergeräumt“ und damit leichter. Er gibt zu Saisonbeginn 2000 sein Debüt.
2005 präsentiert Ferrari auf der IAA den F430 Challenge. Er ist radikal für die Rennstrecke gemacht und lehnt sich stark an Fahrzeuge der GT-Meisterschaft an. Unter anderem besitzt er einen integrierten Pressluftwagenheber, eine Lexan-Windschutzscheibe, eine mittig angeordnete Sportabgasanlage – aber wiederum nicht mehr Leistung: Exakt 208.220 Euro verlangt Ferrari für den 490-PS-Renner.
Sein Nachfolger wird im Sommer 2010 vorgestellt: Der 458 Italia Challenge ist serienmäßige 570 PS stark, extrem gewichtsreduziert und gespickt mit viel Hightech – so viel, dass zum 20. Challenge-Jubiläum 2013 die Evolution wie eine Zeitreise wirken wird.

Verwandtschaft zum Enzo am Heck. Vielleicht ist auch deshalb die Rückansicht die modernste Sichtweise auf den F430, der seinen Namen mit einem geprägten Schriftzug auf dem fahrerseitigen Rückspiegel zur Schau stellen darf.
Zweifler, die dem Neuen nur einen halbherzigen Schritt in Richtung Zukunft unterstellen, verstummen indes beim Anblick des Zahlenwerks rund um das neue V8-Triebwerk. Es leistet 490 PS – und damit mehr als 20 Prozent mehr als der Motor im 360 Modena. Ebenso steigt auch das Drehmoment um 25 Prozent auf 465 Newtonmeter – Halbherzigkeit sieht anders aus.
Tatsächlich ist das Aggregat völlig neu. Mit einer Bohrung von 92,0 und einem Hub von 81,0 Millimetern überspringt es die 4,3-Liter-Marke leicht. Auch wenn der Zylinderbankwinkel mit 90 Grad gleich bleibt, ist der Neuanfang unübersehbar. Der Motor des F430 ist das erste Ferrari-Serientriebwerk, bei dem die Nockenwellen über Ketten und nicht über einen Zahnriemen angetrieben werden. Was wie eine Belanglosigkeit aussieht, ist in der Realität ein entscheidender Schritt: Das nötige Auswechseln der Riemen ist ein kostspieliger und unumgänglicher Werkstattaufenthalt.
Das Triebwerk ist durch und durch ein Ferrari-Motor – mit allen Raffinessen, die der Hersteller im Motorenbau zu bieten hat. Und trotzdem ist in seinen Grundzügen das mit einer Trockensumpfschmierung ausgestattete Triebwerk bereits seit 2001 auf dem Markt: bei Maserati. Seitdem die einstigen Rivalen gemeinsame Sache machen, entwickelt und fertigt Ferrari alle Motoren. In der Maserati-Ausführung, die im Maserati Spyder am denkwürdigen 11. September 2001 debütiert, hat der Motor allerdings exakt 64 Kubikzentimeter weniger und leistet 390, später 400 PS.
Selbstverständlich behält sich Ferrari vor, das Aggregat für den eigenen Gebrauch

Ganz im Trend: Ab Mitte des Jahrzehnts werden viele Ferrari auch in Weiß bestellt.

nachzuschärfen. Die Mehrleistung resultiert freilich nicht aus dem geringfügig größeren Hubraum, sondern aus einer flacheren und um 180 Grad gekröpften Kurbelwelle, einer variablen Ventilsteuerung und einer höheren Verdichtung. Entsprechend beeindruckend fallen natürlich auch die Fahrleistungen aus: Mit einer Höchstgeschwindigkeit von mehr als 315 km/h und einer Sprintdauer auf 100 km/h in 4,0 Sekunden hängt der F430 den 360 Modena glatt ab.

Um diese Kraft sicher und wirkungsvoll auf die Straße zu bringen, dienen dem „430" eine Fülle elektronischer und mechanischer Helfer. Zur Kraftübertragung steht die optionale F1-Schaltung zur Verfügung, die inzwischen von 90 Prozent aller Kunden bestellt wird, was den Wagen insgesamt 146.000 Euro teuer macht. Technisch ist sie auf dem Leistungsstand des Enzo, womit die Gangwechsel in lediglich 150 Millisekunden ablaufen. Zusammen mit allen anderen Verbesserungen macht das den F430 in Fiorano um drei Sekunden schneller als den 360 Modena.

Optional ist für den F430 nun auch die Carbon-Keramik-Bremsanlage aus dem Enzo erhältlich, deren Preis mit 13.340 Euro dem Wert eines Kleinwagens entspricht. Serienmäßig ist er mit der elektronischen Dämpferkontrolle – jetzt einheitlich als Skyhook bezeichnet – ausgestattet, die auf Knopfdruck dem Wagen Härte oder Komfort verleiht. Ebenfalls ab Werk ist der F430 mit der Fahrstabilitätskontrolle CST bestückt, die

Jean Todt

Napoleon der Formel 1

Zu den ersten Schritten des neuen Ferrari-Chefs Montezemolo gehört die überfällige Sanierung der Formel-1-Abteilung. Zu diesem Zweck verpflichtet er Jean Todt als neuen Sportchef, der zu Jahresmitte 1993 zu Ferrari stößt. Der Franzose kommt von Peugeot, wo er als Sportdirektor erst die erfolgreichen Einsätze in der Rallye-WM leitet und später den „Löwen" zwei Siege bei den 24 Stunden von Le Mans beschert. Als sein Wunsch, Peugeot in die Formel 1 zu bringen, niedergeschmettert wird, ist er offen für das Angebot von Ferrari. Todt, der selbst lange Zeit Rallyes als Copilot bestritt, ist zu diesem Zeitpunkt 47 Jahre alt. Sein analytisches Denkvermögen, seine Strukturiertheit und vor allem auch sein Durchsetzungsvermögen sind in Maranello dringend gefragt. Todt räumt mit überalterten Prozessen und Sitten auf. Selbst der bis dahin übliche Wein in der Mittagspause wird den Mechanikern untersagt. Nach kurzer Eingewöhnungsphase gelingt ihm der große Coup: Ferrari verpflichtet Doppelweltmeister Michael Schumacher. Mit ihm kommen führende Ingenieure und Strategen ins Team, allen voran Ross Brawn und Rory Byrne. Ab 1997 gelingen Ferrari wieder Siege aus eigener Kraft und ab 2000 beginnt eine schier unglaubliche Erfolgsserie. In Folge einer Neustrukturierung wird Todt auch CEO von Ferrari, weshalb er 2008 die sportliche Leitung an Stefano Domenicali abgibt. 2009 verlässt Jean Todt Ferrari und wird Präsident des Automobil-Weltverbands FIA.

ein gutes halbes Jahr zuvor im 612 Scaglietti debütiert und eine wichtige Hilfe im Alltag ist – ebenso wie die wiederum an Bord befindlichen Systeme ABS und ASR. Beim Thema Sicherheit fällt allerdings auf, dass Ferrari der Zeit etwas hinterherhinkt: Der F430 besitzt nur Front-Airbags.

Dafür fasziniert er seine Besitzer im Innenraum mit einem Detail, das große Aufmerksamkeit erregt: das Multifunktionslenkrad. Im Vergleich zum Enzo ist es deutlich weiterentwickelt. Zwar wird der Blinker nun wieder über einen Lenkstockhebel betätigt, doch dafür sitzt nun der rote Starterknopf auf dem Lenkrad. Die Auswahl des Setups erfolgt nicht mehr über einzelne Tasten, sondern radikal über einen Drehschalter – Formel-1-Look pur und in bestem Formel-1-Slang bezeichnet: Manettino, zu Deutsch Hebelchen.

Das Geheimnis der Bedienlogik ist die Vernetzung aller elektronischen Systeme. Gemeinsam werden Dämpferkennlinien, F1-Schaltlogik und CST- und ASR-Regelaktivität gesteuert. Und auch noch auf eine völlig neue Komponente wird zugegriffen: das E-Diff. Es besteht aus zwei Kupplungen, die an den Antriebswellen platziert sind. Ihr Wirkungsgrad hängt ab von Drehmoment, Beschleunigung und Radschlupf. Daraus resultiert ein Maximum an Traktion, von der man bei Ferrari überzeugt ist, auf dem Niveau eines Allradfahrzeugs zu sein. Tatsächlich verblüfft die Technik vor allem durch ihr schnelles Zusammenspiel mit CST, ASR und Skyhook.

Das übrige Interieur erinnert in seinen Grundzügen an den 360 Modena, nur dass die Anmutung dank Carbon, Aluminium und Leder noch hochwertiger ausfällt. Neu ist dabei die Instrumentierung, bei der der gelb hinterlegte und mittig platzierte Drehzahlmesser sofort ins Auge springt. Diesen besitzt auch der F430 Spider, der 2005 auf der IAA vorgestellt wird.

Extreme Linien: Geschlossen zeichnet sich der F430 Spider durch ein knapp geschnittenes Stoffverdeck aus (oben).

Leistungsplus: Im 430 Scuderia wird der V8-Motor um 20 PS stärker (links), während der Innenraum konsequent ausgeräumt (unten) und der Wagen leichter wird.

Rückkehr 1993: Mit dem F333 SP baut Ferrari erstmals wieder einen Rennsportwagen.

GT- und Prototypensport

Höhepunkt kurz vor Schluss: Mit dem 512 S / 512 M hat Ferrari 1970 ein starkes Fahrzeug in der Sportwagen-WM am Start – bevor Ende 1973 der Ausstieg erfolgt (ganz rechts oben).

Eigeninitiative: Der 512 BB/LM sieht spektakulär aus, doch ist seine privat vorangetriebene Entwicklung in den 1970er-Jahren eher erfolglos (ganz rechts unten).

Der Entschluss von Enzo Ferrari, eigene Fahrzeuge zu bauen, ist gleichbedeutend mit der Entscheidung, am Motorsport teilzunehmen. Der frühere Rennleiter von Alfa Romeo rechnet sich dabei größere Chancen aus, wenn er Zwölfzylindertriebwerke in seine Fahrzeuge einsetzt. So entstehen 1946 die Pläne für den Ferrari 125 Sport – eine offene Barchetta (zu Deutsch: kleines Boot).

Dessen erster Renneinsatz am 11. Mai 1947 wird zwar wegen eines „Pfennigsdefekts" gestoppt, doch schon beim zweiten Versuch 14 Tage später holte der 125 Sport bei einem nationalen Sportwagenrennen den ersten Sieg für ein Ferrari-Automobil. Mit Weiterentwicklungen, allen voran den Typen 166 Sport und 166 MM, folgen weitere Triumphe. International wird man am 2. Mai 1948 auf Ferrari aufmerksam, als die Marke die bedeutende Mille Miglia durch Italien gewinnt. Sieben Mal wiederholt Ferrari bis 1957 diesen Erfolg.

Noch ist der Motorsport wenig strukturiert. Als 1950 die Formel-1-Weltmeisterschaft ins Leben gerufen wird, ist ihre spätere Vormachtstellung noch nicht abzusehen. Folglich sieht Enzo Ferrari auch keinen Grund, das Engagement bei den zunächst ungleich populäreren GT- und Sportwagenrennen zu streichen – zumal inzwischen weitere prestigeträchtige Siege gefolgt sind: 1949 holt erstmals ein Ferrari den Gesamtsieg bei den 24 Stunden von Le Mans. 1950 gelingt der ganz große Coup: Auf Anhieb gewinnt ein Ferrari die Carrera Panamericana, das damals härteste Langstrekkenrennen der Welt quer durch Mexiko.

Zusätzliche Impulse erhalten die Ambitionen von Ferrari, als 1953 die Sportwagen-Weltmeisterschaft ausgeschrieben wird. Sie bringt das springende Pferd auch nach Nordamerika, wenn auch zunächst eher zögerlich: Schließlich sind schnelle Flugplatzrennen auf holprigen Betonplatten nicht die Domäne von Ferrari. Immerhin sichern sich die Italiener 1954 und 1955 erstmals internationale Siege in Argentinien.

Als die Erfolge ausbleiben, lässt Enzo Ferrari Experimente zu: Mit dem 500 Mondial steht zum ersten Mal ein Ferrari-Vierzylinder am Start (in der Formel 1 schon zwei Jahre früher), mit dem 118 LM ein Reihensechszylinder. Prompt gelingt es Ferrari 1956, den dritten WM-Titel einzufahren. Bis 1963 gewinnt Ferrari die Weltmeisterschaft noch sechs weitere Male – unter anderem durch Siege des legendären 250 Testa Rossa.

Die 1960er-Jahre sind von Umbrüchen bestimmt: Der Mittelmotor ist längst das Maß der Dinge, an dem auch Ferrari nicht vorbei kommt. Auch ist die Zeit abgelaufen, um mit nahezu serienmäßigen GT-Fahrzeugen bedeutende Rennen zu gewinnen. Hinzu kommt, dass es Ferrari mit neuen Gegnern zu tun hat: Ab 1964 tritt der amerikanische Ford-Konzern auf den Plan, kurze Zeit später kommt mit Porsche ein weiterer Sieganwärter auf Le-Mans- und WM-Gesamtsiege hinzu.

Trotzdem gelingt es Ferrari, 1967 mit einem Dreifachsieg bei den 24 Stunden von Daytona den wohl größten Einzelerfolg herauszufahren. Dage-

Die Anfänge: Die ersten 15 Jahre sind es vor allem Barchettas (hier ein Typ 225 beim Oldtimer-Grand-Prix), mit denen Ferrari antritt.

gen kann 1970 / 1971 der bis zu 620 PS starke 512 M die Erwartungen nicht erfüllen. Erst 1972 sorgen ein neues Reglement und der 312 PB für eine kaum möglich gehaltene Dominanz: Ferrari gewinnt zehn von elf Rennen und wird zum zwölften Mal Weltmeister.

Vor Beginn der Saison 1974 zieht sich Ferrari aus der Sportwagen-WM zurück – für immer. Das Interesse gilt nun ausschließlich der Formel 1. Einzig auf privater Basis geht das springende Pferd noch an den Start. Ein stark „beflügelter" 512 BB hat in den 1970er- und frühen 1980er-Jahren noch die größten Chancen, allerdings maximal auf Klassensiege. Verschiedene Rennversionen des 308 GTB mühen sich überdies bei Rallyes, Berg- und Rundstreckenrennen ab. Auf kaum besserem Niveau laufen die ebenfalls privat organisierten Einsätze verschiedener Ferrari in der FIA GT-Meisterschaft: Die F40 sind zwar spektakulär und schnell, aber nicht zuverlässig.

Im Januar 1994 überrascht Ferrari mit einem ganz neuen Projekt: dem F333 SP. Der erste Rennsportwagen seit dem 312 PB besitzt eine aufwendige Technik und ist ganz auf die Regularien des US-Rennsports zugeschnitten. Mehrmals gewinnt er die IMSA- bzw. PSR-Serie sowie die 12 Stunden von Sebring und als Höhepunkt 1998 die 24 Stunden von Daytona. Ab 2001 werden die Erfolge rar, und das Projekt läuft aus. Dafür hat sich Ferrari längst dem boomenden GT-Sport verschieben. So entstehen auf Basis von 550 Maranllo, 575M Maranello, 360 Modena und F430 Wettbewerbsversionen für die GT1- bzw. GT2-Klasse der FIA GT-Weltmeisterschaft.

Feinschliff: Der 430 Scuderia bekommt eine optimierte Aerodynamik einschließlich zusätzlicher Flaps und serienmäßig die große Carbon-Keramik-Bremsanlage.

Antriebstechnisch und in seiner Ausstattung unterscheidet er sich nicht vom Coupé. Obwohl Ferrari in Türen und Chassis zusätzliche Versteifungen einführt, fällt das Leergewicht des offenen F430 fünf Kilogramm leichter aus. Stilistisch dient der 360 Spider als Vorbild, dessen Verdeckkonstruktion unverändert übernommen wird. Damit bleibt die Silhouette im geschlossenen Zustand ähnlich, während im offenen das Fehlen der Höcker hinter den Sitzen positiv auffällt. Neu ist zudem, dass Öffnen und Schließen des Verdecks (Dauer: 25 Sekunden) auch noch im Rollen bei bis zu fünf km/h erfolgen kann.

Auch wenn naturgemäß beim Cabrio leichte Einbußen bei den Fahrleistungen hinzunehmen sind, ist die Nachfrage nach dem F430 Spider hoch – so hoch, dass Ferrari

Brutale Fahrmaschine: Der 430 Scuderia wird zum Inbegriff des Rennwagens für die Straße. Vom Handling ist er auch dem Enzo überlegen.

sich einen satten Preisaufschlag erlauben kann: Mit 161.200 Euro für den konventionellen Handschalter ist er exakt 22.500 Euro teurer als das Coupé.

Einen noch gewaltigeren Preisschub vollzieht Ferrari exakt zwei Jahre später, als – ebenfalls auf der IAA – zum Preis von 206.300 Euro ein Sportmodell auf Basis des F430 vorgestellt wird. Während Medien zunächst wieder die naheliegende Bezeichnung Challenge Stradale ins Spiel bringen, überrascht Ferrari mit einer neuen Nomenklatur: 430 Scuderia. Die Bezeichnung besitzt viel Symbolik. Der Entfall des „F" mag stellvertretend für den Leichtbau stehen, der Begriff Scuderia – zu Deutsch: Rennstall – ist es auf jeden Fall. Doch während die Kilos durch den Wegfall überflüssiger Komponenten purzeln, wird der 430 Scuderia mit Formel-1-Technik vollgepackt. Sein Leistungsplus von 20 PS, die ihn immerhin 510 PS stark machen, und die auf Feinschliff bei Ansaugtrakt und Abgassystem beruhen, sind da noch der kleinste Schritt, der sich allerdings in einem grandiosen Motor-Sound widerspiegelt.

Radikaler ist indes die Ausbaustufe „Super Fast 2" der F1-Schaltung, die serienmäßig

Eindrucksvoll: Die Sportabgasanlage hat ihre Auslässe auf Höhe des Nummernschilds, weil der Platz unten für einen gigantischen Diffusor benötigt wird.

im 430 Scuderia ist: Sie schafft es, die Gänge in nur 60 Millisekunden zu wechseln. Dazu werden die Phasen des Ein- und Auskuppelns mit dem eigentlichen Gangwechsel stärker überlagert. Das Ergebnis ist keine spürbare Zugkraftunterbrechung mehr, sondern nur ein Knall beim Schalten unter Volllast, wenn die Motordrehzahl schlagartig auf ein tieferes Niveau fällt.
Geradezu revolutionär ist die Kombination von E-Diff und F1-Trac aus dem 599 GTB Fiorano. Sie sorgt dafür, dass das Drehmoment noch feinfühliger verteilt wird, ohne dass die weiterhin an Bord befindliche CST hart nachregeln muss. In der Praxis heißt das, dass ab dem Kurvenscheitelpunkt Vollgas gegeben werden kann, ohne die CST abbremst und natürlich ohne abzufliegen, sondern unter automatischer Freigabe der maximal möglichen Kraft, bevor es zum Auftreten von Schlupf kommt. So verwundert es nicht, dass der 1.350 Kilogramm leichte 430 Scuderia in Fiorano exakt die gleiche Zeit wie der Enzo erreicht. Auf winkligen Bergstraßen wirkt er zudem agiler als der große V12-Renner.
Kurz vor dem Auslaufen der Baureihe präsentiert Ferrari im Herbst 2008 in Maranello mit dem Scuderia Spider 16M auch eine offene Variante des radikalen Sportwagens. Sie ist auf 499 Exemplare limitiert und wird zu Ehren der 16 errungenen Formel-1-Konstrukteurs-WM-Titel eingeführt („16 Mondiali"). Natürlich ist die gesamte Scuderia-Technik an Bord, die im Spider allerdings eine andere Wirkung entfaltet: Hier geht es weniger um schnelle Rundenzeiten, als vielmehr um ein brachiales und offenes Fahrerlebnis. Für dieses müssen Fans allerdings tief in die Tasche greifen, denn Ferrari erlaubt sich abermals einen saftigen Zuschlag: 255.350 Euro kostet der „16M", der damit in jeder Hinsicht zur Krönung der Baureihe wird – selbst, wenn er die „430" nicht mehr im Namen trägt.

Indizien: Der Hinweis 16M steht für 16 Mondiali, die 16 gewonnenen Konstrukteurs-Titel von Ferrari in der Formel 1.

Limitiert: Der Scuderia Spider 16M ist die offene Alternative zum 430 Scuderia, die aber in begrenzter Stückzahl gebaut und zu hohen Preisen verkauft wird.

599 GTB Fiorano

Tägliches Super-Car

Das erste Jahrzehnt des neuen Jahrtausends hat bereits die Mitte erreicht, als eine fast vollständig erneuerte Modellgeneration von Ferrari am Start ist. Der schon 1992 vorgestellte 456 GT ist durch den 612 Scaglietti ersetzt, und der erst 1999 auf den Markt gekommene 360 Modena hat im F430 seinen Nachfolger gefunden. Selbst im Segment der limitierten Supersportwagen hat Ferrari mit dem Enzo ein Zeichen gesetzt. Umso nahe liegender ist es, auch an einen Nachfolger des 575M Maranello zu denken. Dieser bekommt zwar mit dem Superamerica zunächst noch eine Modellversion als krönendes Highlight, aber 2005 ist offenkundig, dass eine Ablösung ansteht.

Sie wirft bei Beobachtern viele Fragen auf. Zum Beispiel, wie weit die Synergien mit der großen Plattform des 612 Scaglietti reicht. Oder ob diesmal von vornherein an ein Cabrio gedacht wird. Denn abgesehen von den beiden limitierten Modellen 550 Barchetta Pininfarina und Superamerica überlässt Ferrari bis dahin das Geschäft mit offenen Zwölfzylindern ganz der Konkurrenz, allen voran Aston Martin.

Das, was ein Jahr vor dem Debüt des „Maranello"-Nachfolgers stark verklebt als Erlkönig zu sehen ist, gibt indes höchstens Antworten auf allgemeine Fragen. So wird nur offenkundig, was ohnehin niemand ernsthaft in Zweifel zieht: Auch der Neue hat seinen Motor wieder vorne. Und er besitzt einen satten V12-Motor, was ebenfalls keine Überraschung ist.

Für große Verblüffung sorgt allerdings der Name des V12-Coupés, der erstmals Anfang 2006 preisgegeben wird: 599 GTB. Das ist kurz, knapp und sachlich – und voller Fragezeichen. Denn nur das Kürzel GTB ist ein Klassiker mit jahrzehntelanger Tradition, der für Gran Turismo Berlinetta steht, und der bis dahin letztmalig beim 348 GTB Verwendung findet. Rätsel gibt dagegen die Ziffernfolge auf: Nach altem Brauch entspräche sie einem einzelnen Zylinderhubraum, was astronomisch hohe 7,2 Liter Gesamthubraum bedeuten würde. Doch auch modernere Interpretationen scheitern: 5,9 Liter Hubraum aus neun Zylinder macht wenig Sinn!

Das Geheimnis der Namensgebung löst auch Ferrari nicht vollständig auf. Tatsächlich hat der Wagen 6,0 Liter Hubraum. In gewohnter Manier kann daraus 612 (6,0 Liter, zwölf Zylinder) oder 500 (Einzelhubraum) abgeleitet werden. Mit beidem ist man bei Ferrari aber nicht zufrieden. 612 ist

Sensationelle Proportionen: Der 599 GTB Fiorano zeichnet sich durch eine lange Haube, eine maßvoll-knappe Fahrgastzelle und ein elegantes Heck aus.

Ausdrucksstark: Von hinten wirkt der 599 GTB Fiorano markanter als sein Vorgänger, wozu die 3D-Leuchten und vor allem der große Diffusor viel beitragen.

vom 612 Scaglietti belegt, der auch weiterhin formal die Spitze bilden soll. 500 klingt nach zu wenig und ist zu „glatt". Das gilt auch für die Alternativlösung 600 (6,0 Liter Hubraum). Basierend darauf ist die Ziffernfolge 599 nichts anderes, als das Bestreben, die Zahl „interessanter" zu machen.
Während es einige sehr geläufige Zahlenfolgen im Automobilbau gibt (zum Beispiel 300 und 500), ist 599 völlig neu. Einem Teil der Ferrari-Klientel ist 599 GTB daher zu nichtssagend. Und vermutlich hegt man auch in Maranello noch Zweifel, die richtige Entscheidung getroffen zu haben. Kurzerhand verlängern die Italiener den Namen um den klangvollen Zusatz Fiorano (siehe Seite 98), rechtzeitig vor der Weltpremiere auf dem Genfer Autosalon 2006.

Modellübersicht

599 GTB Fiorano	
seit 2006:	6,0 l / 620 PS
599XX*	
2009:	6,0 l / 700 PS
599 GTO	
seit 2010:	6,0 l / 670 PS

*ohne Straßenzulassung

Ungeachtet der Namensdiskussion ist das Coupé ein Senkrechtstarter: Hinreißend schön und mächtig stark. Sehr mächtig sogar. Denn das Triebwerk, das unter der langen Haube platziert ist, ist kein Geringeres als der Motor des Ferrari Enzo. Das V12-Aggregat im 65-Grad-Winkel wird mit unveränderten 5.999 Kubikzentimetern Hubraum übernommen. Von den Enzo- bekannten 660 PS nimmt Ferrari allerdings 40 PS zurück – aus Gründen der besseren Fahrbarkeit und höheren Alltagstauglichkeit. Während der Enzo seine Maximalleistung bei 7.800 U/min zur Verfügung stellt, stehen die 620 PS im 599 GTB Fiorano schon bei 7.600 Umdrehungen bereit. Verblüffend in diesem Zusammenhang: Während der Enzo-Motor bis maximal 8.200 Touren dreht, lässt das „599"-Triebwerk sogar 8.400 U/min zu, bevor der Begrenzer aktiv wird. Trotz der leichten Leistungsreduzierung beeindruckt der 599 GTB Fiorano noch immer mit seiner Literleistung: 103 PS pro Liter sind ein sensationeller Wert.

Stramm ist auch das maximale Drehmoment. Im Vergleich zum Enzo ist es zwar von 657 auf 608 Newtonmeter reduziert, wobei das Drehzahlniveau mit 5.600 U/min praktisch gleich bleibt. Viel verblüffender ist der gesamte Drehmomentverlauf, denn ab 5.600 Touren bleibt der Maximalwert bis 6.600 Umdrehungen weitgehend erhalten. Gleichzeitig überrascht der flache Anstieg bei geringeren Drehzahlen, weil zum Beispiel bei 3.500 U/min bereits 90 Prozent des Spitzenwerts – immerhin 547 Newtonmeter – zur Verfügung stehen. Auf die Praxis übertragen heißt das, dass der 599 GTB Fiorano wie am Gummiband nach vorne schnellt. Seine Kraft entfaltet sich nicht so explosiv bei beim Ferrari Enzo.

Ganz selbstverständlich ist der Einsatz des Enzo-Triebwerks im „599“ allerdings nicht – schließlich hat die Einbauposition eines Motors auch unmittelbare Auswirkungen auf die Konstruktion des Aggregats. Nur zweimal davor verwendet Ferrari einen Motor für vorne und hinten: beim ultra raren 250 LM von 1964, der mehr Renn- als Straßenwagen ist, und beim 365 GT/4 Berlinetta Boxer von 1971. Doch schon in den 1970er-Jahren zeigt sich, dass ein bloßes Versetzen des Triebwerks die Potenziale des Mittelmotorantriebs nicht vollständig ausschöpft und umfangreiche Modifikationen an der Peripherie notwendig sind.

Immerhin: Die eher ungewöhnliche Verschiebung von hinten nach vorne verursacht wenigstens keine thermischen Probleme – allerdings räumliche, denn die Motorhaube des 599 GTB Fiorano verläuft viel flacher als die Glasabdeckung über dem Enzo-Motor. Damit ist beim Einsatz als

Gut zu haben: Serienmäßig besitzt der neue V12-Ferrari Carbon-Keramik-Bremsscheiben.

Vesteckte Proportion: Dem 599 GTB Fiorano ist es kaum anzusehen, aber auch er ist – wie der 612 Scaglietti – ein Front-Mittelmotorfahrzeug.

Neuer Auftritt: Das Design des 599 GTB Fiorano kommt auch bei der Stammkundschaft bestens an. Inzwischen ist der Frontmotor längst etabliert für den großen Ferrari-GT.

Frontmotor nicht mehr genügend Raum für die variable Ansaugsteuerung, die sich oberhalb der Zylinderköpfe befindet. Alleine schon das Fehlen dieser Verbrennungsoptimierung dürfte einen großen Teil des Leistungsdefizits gegenüber dem Enzo erklären. Als leistungsrelevantes Bauteil kommt zwangsläufig auch eine neu entwickelte Abgasanlage zum Einsatz. Ansaug- und Abgastrakt genießen bei Ferrari besondere Beachtung, schließlich tragen sie maßgeblich zum Klang des Fahrzeugs bei. Mehr noch als bei anderen Modellen widmen sich die Italiener dem Sound-Engineering und spendieren dem 599 GTB Fiorano ein zusätzliches drehzahlabhängiges Bypass-Ventil für den Abgasstrang, das wahre Wunder wirkt. Der neuste Ferrari klingt bei Bedarf wie einer seiner legendären Vorfahren, kreischt in entsprechenden Momenten fast wie ein Formel-1-Renner und verhält sich, dort wo es darauf ankommt, unauffällig still. Ansonsten sind die Änderungen gegenüber dem Enzo-Motor schnell aufgezählt: Wegen der nicht variablen Ansaugung können zwei Hydraulikpumpen entfallen. Außerdem sind die Pleuel nicht aus extrem teuren Titan gefertigt, sondern aus hochfestem Stahl. Anderseits bleiben wesentliche Konstruktionsmerkmale enthalten, etwa die Kettensteuerung der Nockenwellen oder die Zylinderköpfe mit ihrer Vierventiltechnik.

Ohnehin ist es falsch, vorwiegend den Enzo als Referenz heranzuziehen – maßgeblich ist der 575M Maranello, den der 599 GTB Fiorano beerbt. Und dieser Vergleich fällt umso beeindruckender aus. Der „599“ ist um 105 PS (20 Prozent) stärker als der „575“, hat eine um 14 Prozent bessere Literleistung und besitzt ein um 19 Kilogramm (acht Prozent) leichteres Triebwerk. Einzig beim Drehmoment, wo der Anstieg mit drei Prozent vergleichsweise bescheiden ausfällt, kann der 575M Maranello mithalten. Weil also der 599 GTB Fiorano in so vielen Punkten so deutlich besser ist, überrascht es fast ein bisschen, dass Ferrari seinen Preis mit 206.700 Euro nur fünf Prozent teurer als den Vorgänger mit F1-Schaltung macht.

Auch bei der Anordnung des Antriebkomponenten hat der 599 GTB Fiorano die besseren Karten. Wie es der 612 Scaglietti vormacht, so bekommt auch er das Triebwerk hinter der Vorderachse montiert. Das macht „599“ zu einem Front-Mittelmotorfahrzeug mit entsprechend guter Achslastverteilung: Lediglich 47 Prozent ruhen auf der Vorderachse, 53 Prozent auf der Hinterachse. Maßgeblich dafür ist auch die Transaxle-Bauweise, sodass – anders als beim Enzo – das Getriebe nicht unmittelbar am V12-Triebwerk platziert ist, sondern zusammen mit dem Differenzial an der Hinterachse. Dagegen ist die Zweischeibenkupplung, eine Neuentwicklung, weiterhin am Motorblock angeflanscht und mit dem Getriebe über das Transaxle-Rohr verbunden. Dieses ist mit einer zusätzlichen Dämpfung ausgestattet, um die Vibrationen der Kardanwelle abzumildern.

Anders als im Enzo können Kunden den 599 GTB Fiorano grundsätzlich auch mit klassischer Handschaltung wählen. Die zehn Prozent der Käufer, die sich dafür entscheiden, dürfen zum Wechseln der sechs Gänge den Schaltstock durch die herrlich altertümliche, offene Schaltkulisse führen. Trotzdem bevorzugt es die überwältigende Mehrheit, das Sechsganggetriebe über die Schalt-Paddels zu betätigen.

Die Gründe dafür sind vielfältig – und stichhaltiger denn je, denn im 599 GTB Fiorano arbeitet eine neue Entwicklungsstufe der sequenziellen Semiautomatik. Sie trägt den Namen SuperFast, wird aber weiterhin unter der Bezeichnung F1 vermarktet, und ist erwartungsgemäß noch schneller: Für den reinen Wechsel der Schaltstufen ermittelt Ferrari 40 Millisekunden. Hinzu kommen noch die Phasen des Aus- beziehungsweise des Einkuppelns. Während die Ferrari-Ingenieure bislang alle drei Phasen strikt nachei-

Gelungene Mischung: Das Interieur des „599“ ist nicht so karg wie das des „430“, aber auch nicht so üppig wie das des „612“.

Mit besten Grüßen von Enzo: Der 6,0-Liter-V12-Motor ist eine direkte Ableitung des Triebwerks, das im Ferrari Enzo mit 660 PS für Furore sorgt.

Schnittig: Nicht zuletzt auch aufgrund seiner Linienführung wirkt der 599 GTB Fiorano viel kompakter und dynamischer als sein Vorgänger. Tatsächlich ist er länger als der „Maranello".

nander durchlaufen ließen, treten bei der SuperFast-Schaltung erstmals Überlappungen auf. Die Kupplung ist also noch nicht vollständig geöffnet, während bereits der Gang gewechselt wird – was wiederum noch nicht komplett vollzogen ist, wenn die Kupplung wieder schließt. Alle Schritte zusammen machen die Zugkraftunterbrechung aus, die Ferrari für den 599 GTB Fiorano mit 100 Millisekunden angibt – der geringste Wert, den je ein Straßenfahrzeug bis dahin aufweisen kann. Im 575M Maranello sind es noch 250 Millisekunden.

Wer alles daransetzt, schafft es auf diese Weise, den 599 GTB Fiorano aus dem Stand in nur 3,7 Sekunden auf Tempo 100 (nur 0,05 Sekunden langsamer als beim Enzo) und in 11,0 Sekunden auf 200 km/h zu bekommen – wobei doch bemerkenswert ist, dass offiziell keine Zeitunterschiede zwischen klassischer Hand- und moderner F1-Schaltung ausgewiesen werden. Für die meisten Ferrari-Käufer sind solche Intervalle allerdings Fabelzeiten. Nur wer mit F1-Schaltung unterwegs ist, hat wenigstens theoretisch die Chance, dank der Launch Control solche Sprints tatsächlich zu realisieren. Von dieser Möglichkeit bleiben Kunden aber ausgeschlossen, die ihr Fahrzeug in Nordamerika erwerben: Dort wird der „599" ohne die Starthilfe ausgeliefert.

Die Extrembeschleunigung ist das eine – das Handling und die Fahr-Performance im Alltag das andere. Fast schon erwartungsgemäß hängt der 599 GTB Fiorano den 575M Maranello auch bei der Höchstgeschwindigkeit klar ab. Mit „über 330 km/h" ist der Neue allerdings auch klar langsamer als der Enzo. Allerdings punktet er im Gegenzug mit einer besseren Fahrbarkeit. Oder anders formuliert: Der „599" erreicht fast das Niveau des Enzo, jedoch bei deutlich geringerer Adrenalin-Ausschüttung im Fahrer und ohne dessen feuchte Hände.

Ein Baustein, der dazu wesentlich beiträgt, ist das neue Aktivfahrwerk. Es löst das bislang verwendete Skyhook-System von Sachs ab. In seiner prinzipiellen Wirkungsweise unterscheidet sich das neue, von Zulieferer Delphi entwickelte System nicht von seinem Vorgänger: Sensoren erfassen die Bewegungen der Räder, des Fahrwerks und des Aufbaus, errechnen daraus ein „Bild" des momentanen Zustands und passen in

Sekundenbruchteilen die Dämpferkennlinien an. Außerdem kann der Fahrer für das Fahrwerk zwischen vordefinierten Einstellungen wählen, also eher komfortabel oder ganz besonders straff.

Die Besonderheit des SCM genannten Systems liegt in der Weise, wie die Dämpferkennlinien verändert werden – ein Verfahren, dessen Einsatz im Sportwagenbau bislang einmalig ist: Konventionelle Systeme wie Skyhook regulieren die Fließgeschwindigkeit des Dämpferöls über Ventile. In SCM befindet sich indes eine Flüssigkeit, die von winzigen Metallpartikeln durchsetzt ist. Ihre Viskosität kann durch elektronisch geregelte Magnetfelder geregelt werden. Das funktioniert viel schneller als mechanische Eingriffe per Ventil. Entsprechend zügiger passen sich die Dämpfer des 599 GTB Fiorano an Fahrbahnunebenheiten oder einen plötzlich veränderten Fahrstil an. Die SCM-Dämpfer sind zwischen zwei klassischen Dreiecksquerlenkern eingebaut. Zur Unterstützung der Stärken des Fahrwerkssystems und für eine optimale Traktion besitzt der „599" Räder mit unterschiedlichen Durchmessern: 19 Zoll vorne, 20 Zoll hinten. Üppig fallen auch die groß dimensionierten Bremsscheiben aus (Durchmesser 355 Millimeter vorne, 330 Millimeter hinten). Zu einem Aufpreis von 15.315 Euro können sie gegen Carbon-Keramik-Scheiben getauscht werden. Selbstverständlich wird das Zupacken der Bremsen über ein sportlich abgestimmtes ABS geregelt.

Bahnbrechend ist allerdings eine andere elektronische Fahrhilfe. Sie hat den Namen F1-Trac und kommt nicht nur zum ersten Mal in einem Ferrari zum Einsatz, sondern überhaupt im Fahrzeugbau. Wie die Bezeichnung erahnen lässt, entspringt sie unmittelbar den in der Formel 1 gemachten Erfahrungen und ist ein weiteres Beispiel, wie eng Sport- und Produktionsabteilung bei Ferrari miteinander verzahnt sind.

Herkömmliche Traktionshilfen wie ASR und ESP haben bei betont dynamischer Fahrweise den Nachteil, dass sei bei einem Eingreifen das Fahrzeug über Gebühr abbremsen – für Grand-Prix-Piloten und Ferrari-Kunden ein Manko, für Ottonormalverbraucher eher belanglos. Die neue F1-Trac reduziert dagegen die Kraft nur so weit, dass der Fahrer nicht „abfliegt". Dazu sammeln zusätzliche Sensoren alle relevanten Daten rund um die Bewegung der Räder und verknüpfen sie mit den Werten aus ABS, ASR und CST. In Sekundenbruchteilen moduliert das System die Antriebskraft so, dass die akute Gefahr gebannt wird. In der Praxis funktioniert das beeindruckend

Reduktion: Beim 599 GTB Fiorano variiert Pininfarina das Design und die Funktionen der Rückleuchten, sodass fortan nur noch insgesamt zwei Leuchten nötig sind (links). Gleichzeitig fallen die Bi-Xenon-Frontscheinwerfer noch schmaler als bisher aus und geben eine neue Designline vor (unten).

Donnerwetter: Der 599XX wird Nachfolger des FXX und überrascht vor allem durch seine kreativen aerodynamischen Lösungen. Er besitzt keine Straßenzulassung.

gut, wenn auch vielleicht nicht ganz auf dem Extremniveau des 430 Scuderia, der F1-Trac ab 2007 mit der E-Diff-Technologie verknüpft. Doch es wirkt auch im 599 GTB Fiorano. So resultiert aus F1-Trac eine um 20 Prozent größere Längsbeschleunigung an Kurvenausgängen, und Techniker errechnen, dass sich alleine durch die Nutzung von F1-Trac eine um 1,5 Sekunden bessere Rundenzeit in Fiorano ergibt – im Vergleich zu einem Fahrzeug mit herkömmlichen ASR.

Sorgt schon beim F430 das Manettino bei den Kunden für Verzücken, erfährt das sagenumwobene Lenkradschalterchen (dessen Geschichte bis zu Michael Schuma-

Pista di Fiorano

Heiliger Kreisverkehr

Anfang der 1970er-Jahre erlebt die Motorsportabteilung von Ferrari eine Durststrecke. In der Formel 1 fahren die „Roten" hinterher, in der Sportwagen-WM ebenfalls. Um das Blatt zu wenden beschließt Enzo Ferrari den Bau einer eigenen Teststrecke in Maranello, um Neuentwicklungen schneller erproben zu können. So entsteht 1972 am Ortsrand von Maranello, um das private Wohnhaus von Enzo Ferrari herum, ein Rundkurs. Er ist 3.021 Meter lang, hat die Grundform einer Acht (weswegen es eine Brücke gibt) und ist sehr kurvenreich – abgesehen von einer langen Startgeraden, an der zunächst eine Tankstelle steht, die später durch ein Boxenanlage abgelöst wird. Fortan erprobt Ferrari hier Renn- und Straßenfahrzeuge und lässt bisweilen ausgewählte Kunden einige Runden drehen. Ansonsten ist die Anlage – bis heute – für Besucher nicht zugänglich. Allerdings gibt es zahlreiche Stellen, an denen Zaungäste einen Blick von außerhalb auf das Gelände und die Autos erhaschen können. Obwohl die Strecke im Laufe der Zeit zu langsam für die Formel-1-Renner wird, wird sie weder umgebaut noch stillgelegt. Ganz im Gegenteil: Zur Jahrtausendwende bezieht die Rennabteilung ein neues Gebäude, dessen Rolltore direkte Einfahrt auf die Strecke ermöglichen. Ihr Name, Pista di Fiorano, verweist übrigens darauf, dass sie (zumindest teilweise) auf dem Gebiet der Nachbargemeinde Fiorano Modenese liegt.

chers Formel-1-Ferrari von 1996 zurückreicht) ein Update. Weil die Justage des F1-Trac fünf Modi kennt, fällt das Manettino am Lenkrad größer und damit rennsportähnlicher aus. Während „Ice" ein echter Sicherheitsmodus mit frühem Eingreifen von F1-Trac ist (gekoppelt mit einer entsprechenden Schaltstrategie der F1-Schaltung), ist „Low Grip" die Universaleinstellung für den Alltag: F1-Trac regelt normal, und die F1-Schaltung wird nicht mehr beeinflusst.

„Sport" geht die Sache schon schärfer an und setzt für die meisten Fahrer definitiv trockene Straßen voraus. SCM wird straffer, während die Traktionskontrolle bereits Quersteher zulässt. Noch extremer ist „Race". In diesem Modus ist CST auf ein Minimum zurückgefahren, und die F1-Schaltung auf extrem kurze Gangwechsel programmiert. Nur noch einen klitzekleinen Schritt weiter geht „CST off" – ein Modus, der wohl nur noch aus psychologischen Gründen und zu Demonstrationszwecken vorhanden ist. Einzig ABS und EBD versehen dann noch ihren Dienst.

Auch wenn in der Praxis wohl nur wenige „599"-Piloten umschalten müssen, so ist die Anziehungskraft des Manettinos magisch – wie auch die des gesamten Innenraums, in dem sich liebevolle Details wiederfinden: Der rote Startknopf auf dem Lenkrad, der Schriftzug „599 GTB" (ohne Fiorano!) auf der Beifahrerseite oder das aufpreispflichtige LED-Drehzahlmesser-Band im oberen Lenkradbereich für 2.785 Euro. Über klassische Drehregler aus Aluminium wird die Klimatisierung gesteuert, und das Audiosystem (weiterhin im typischen DIN-Format) kann bei Bedarf hinter einer Blende verschwinden.

Immerhin gibt es optional iPod-Anbindung, Bose-Soundsystem, Bluetooth und GPS-Navigation – allerdings auch weiterhin ohne Zentralbildschirm. Doch wie seit dem „612" üblich, enthält der Instrumententräger ein Display, bei dem bei Bedarf auch Wegweisungen dargestellt werden. Ansonsten sind dort vor allem Infos zum Fahrzeug abrufbar, zum Beispiel das Setup des Manettino. Der zentrale Drehzahlmesser und der Tacho bis 360 km/h runden das Ensemble ab. Ganz neu im Vergleich zum Vorgänger sind auch die Seiten-Airbags, die den Zweisitzer noch sicherer machen.

Mehr noch als der Innenraum macht allerdings das Exterieur den 599 GTB Fiorano zu einer Augenweide. Einmal mehr hat Pininfarina ganze Arbeit geleistet und eine Gratwanderung mit Bravour bestanden: Zweisitzige Frontmotor-Coupés besitzen stets eine vertraute Linienführung, die fast schon konservativ ist. Doch genau das ist

Aufregung in Genf: Auf dem Autosalon 2010 zeigt Ferrari ein mattgrünes Fahrzeug, dessen Farbgebung symobolträchtig ist.

Ausblick: Das auf dem 599 GTB Fiorano basierende Fahrzeug (aber mit Elementen des 599 GTO) zeigt eine kommende Technologie.

der „599" nicht und soll es auch nicht optisch sein. Zu frisch ist noch die Erinnerung, dass der „Maranello" bald nach seiner Präsentation zum „Klassiker ab Werk" wurde. In diese Falle läuft der 599 GTB Fiorano nicht. Pininfarina entwirft eine Karosserie, die das bekannte Coupé-Thema in neuem Licht erscheinen lässt. Er bedient sich dabei einiger Elemente des 612 Scaglietti, allen voran bei dem breiten Kühlergrill. Auch die eingeschlagene Designsprache des Lichts wird weiterentwickelt, so dass die Front-

scheinwerfer schmaler und die Bugpartie dafür breiter erscheinen. Eine Evolution sind außerdem die runden Heckleuchten, die dank LED-Technik auf links und rechts je ein Modul zusammenschrumpfen. Für „optische Dramatik" sorgen zusätzlich der erhöhte Mittelbereich der Motorhaube und die beiden Luftauslässe.

Überhaupt spielt das Thema Luftführung eine ganz wichtige Rolle beim 599 GTB Fiorano. So verbringen die Techniker viel Zeit am Computer und im Windkanal, um die aerodynamische Effizienz des Fahrzeugs zu optimieren. Nicht nur, dass der cW-Wert mit 0,336 äußerst günstig ausfällt, sondern die Karosserie erzeugt auch weit mehr Abtrieb als der „Maranello". Der verkleidete Unterboden, die steile Heckabrisskante und der große Diffusor sorgen dafür, dass bei 200 km/h das Gewicht von zusätzlichen 70 Kilogramm und bei 300 km/h von 160 Kilogramm auf das Fahrzeug wirken.

Die Begeisterung bei den Kunden ist groß, als im Frühsommer 2006 die ersten Fahrzeuge ausgeliefert werden – die dank der dynamischen Formgebung durchaus auch in „bunt" und nicht nur in Schwarz und Silber bestellt werden. Als der allererste Ansturm vorüber ist, stellt Ferrari 2009 auf dem Genfer Autosalon ein neues Handling-Paket vor, das ganz der Tradition des GTC-Pakets für den 575M Maranello entspricht.

Abermals schnürt Ferrari ein Setup, mit dem das Handling des V12-Coupés noch sportlicher wird: Die Dämpfung ist straffer,

Der Blick darunter: Der bewusst nicht verkleidete Fahrzeugboden offenbart die Hybridtechnologie des KERS.

60 Jahre Formel 1: Ein derartiges Aufgebot an Formel-1-Ferrari ist selten zu sehen. Der Langenfelder Ferrari-Restaurator Uwe Meissner bringt fast jährlich ein solches Spektrum zusammen (rechts).

Frühzeit: Bis Ende der 1950er-Jahre sitzen Ferrari-Formel-1-Piloten heldenhaft – aufrecht und hinter dem Motor (ganz rechts).

Ferrari in der Formel 1

Es ist eine Fehleinschätzung der zukünftigen Entwicklung des internationalen Motorsports, die Enzo Ferrari veranlasst, seine Fahrzeuge nicht auf Biegen und Brechen nach Silverstone zu bringen. So findet dort am 13. Mai 1950 der erste Formel-1-Lauf der Geschichte ohne die Beteiligung von Ferrari statt. Doch bereits ab dem zweiten Rennen, dem Großen Preis von Monaco, ist der Rennstall aus Maranello am Start. Ab diesem Zeitpunkt ist Ferrari fester Bestandteil der Formel 1 und bis heute nicht mehr aus ihr wegzudenken.

Von einzelnen Läufen abgesehen, an denen Ferrari nach einem Unfall oder aus Protest nicht teilnimmt, ist der Rennstall immer dabei. Das unterscheidet ihn von allen anderen heute etablierten Teams, die bestenfalls 20 Jahre später dazu stoßen. 1951 können Ferrari-Piloten die ersten Formel-1-Rennen für sich entscheiden, bevor in den beiden Folgejahren Alberto Ascari mit dem Ferrari 500 F2 fast alle Rennen gewinnt und zweimal Weltmeister wird. Der 2,0-Liter-Vierzylinder-Rennwagen profitiert davon, dass keine ernsthafte Konkurrenz zur Stelle ist – obwohl die WM in diesen beiden Jahren ausgerechnet mit Fahrzeugen nach der populäreren Formel 2 ausgetragen wird.

In den Folgejahren gewinnt das Team regelmäßig, aber erst 1956 wird ein weiteres Mal ein Ferrari-Pilot Weltmeister: Juan Manuel Fangio holt seinen vierten WM-Titel – auf einem Fahrzeug, das eigentlich ein Lancia ist: Vor Saisonbeginn übernimmt Ferrari deren gesamte Motorsportabteilung. Zwei Jahre später ist es Mike Hawthorn, der für Ferrari den insgesamt schon vierten Titel holt. Doch der Absturz kommt jäh: Enzo Ferrari hält zu lange am Frontmotor fest, während die englischen Teams schon mit leichten Mittelmotorfahrzeugen antreten. Erst 1961 rückt Ferrari mit dem 156 F1 an und wird prompt mit Phil Hill Weltmeister. Überdies sichern sich die Italiener auch den ersten Konstrukteurstitel, der erst seit 1958 vergeben wird. Überschattet wird dieser Erfolg allerdings davon, dass Teamgefährte Wolfgang Graf Berghe von Trips, der erste deutsche Ferrari-Werksfahrer, in Monza tödlich verunglückt. Drei Jahre später gelingt Ferrari nochmals das Double aus Fahrer- (John Surtees) und Konstrukteurs-WM.

Danach versinkt Ferrari in der Formel 1 in Stagnation. Während die Straßenfahrzeuge zum großen Erfolg werden, rennt man diesem im Grand-Prix-Sport hinterher. Strategische Fehlentscheidungen, verschlafene Trends und auch politische Querelen im Team sorgen dafür, dass Ferrari in der Formel 1 zehn quälend lange Jahre ohne Titel bleibt.

Erst in den 1970er-Jahren platzt der Konten. Mit Luca di Montezemolo, dem späteren Ferrari-Chef, wird ein fähiger Rennleiter gefunden, mit Niki Lauda ein neues Fahrertalent. Der Aufstieg zeichnet sich bereits 1974 ab und mündet in drei Konstrukteurs- (1975-1977) und zwei Fahrertiteln für Niki Lauda (1975 und 1977). Noch vom Geist dieser Ära beseelt und vom bärenstarken V12-Motor angetrieben, erringt Jody Scheckter 1979 den neunten Fahrer-WM-Titel für Ferrari und die sechste Konstrukteursmeisterschaft. Ferrari erkennt die Zeichen der Zeit und stellt auf die

Dreigestirn des Erfolgs: Michael Schumacher, Ross Brawn und Jean Todt bringen in den späten 1990er-Jahren Ferrari in der Formel 1 wieder auf die Siegerstraße zurück (rechts) und werden zwischen 2000 und 2004 fünfmal in Folge Weltmeister (ganz rechts).

Turbotechnologie um. Befeuert von 1,5-Liter-V6-Turbomotoren sammelt das Team 1982 und 1983 zwei weitere Konstrukteurstitel. Doch allen Anstrengungen und vor allem aller hohen Budgets zum Trotz lassen weitere Titel auf sich warten. Selbst Siege werden Mangelware. 1993 gelingt es den dem McLaren-Team sogar kurzzeitig, in der Liste der meisten Siege an Ferrari vorbeizuziehen.

Zu dieser Zeit sind die Weichen allerdings bereits gestellt: Der neue Ferrari-Chef Montezemolo holt Jean Todt als Sportdirektor, der innerhalb weniger Jahre ein schlagkräftiges Technikerteam um sich schart und dem 1995 der Coup gelingt, Michael Schumacher für das Traditionsteam zu verpflichten. Der gemeinsame Weg ist steinig, mündet aber in einem totalen Erfolg: Zwischen 2000 und 2004 wird der Deutsche fünf Mal in Folge Weltmeister, gewinnt 72 Formel-1-Rennen für Ferrari und hilft bei sechs Konstrukteurstiteln.

Als er sich vom Motorsport zurückzieht, scheint Kimi Räikkönen nahtlos an diese Erfolge anknüpfen zu können: Er wird 2007 Weltmeister, Ferrari gewinnt 2007 und 2008 die Konstrukteurs-WM.

Mit insgesamt 16 Konstrukteurstiteln, 15 gewonnenen Fahrerweltmeisterschaften und 212 Formel-1-Siegen (August 2010) dominiert Ferrari heute mehr denn je die wichtigsten Formel-1-Statistiken.

Aerodynamisch verfeinert: Der 599 GTO besitzt eine gegenüber dem 599 GTB Fiorano überarbeitete Frontpartie – erkennbar zum Beispiel am vergitterten Kühlergrill.

die Stabilisatoren stärker, das Fahrwerk zehn Millimeter tiefer, rundum sind 20-Zoll-Räder montiert und die F1-Schaltung nist noch schneller. Allerdings berechnet Ferrari für das HGTE-Paket, dessen Name für „Handling Gran Turismo Evoluzione" steht, stolze 21.242 Euro.

Deutlich mehr Aufmerksamkeit erregt indes ein anderes Derivat des 599 GTB Fiorano, das zur gleichen Zeit auf dem Genfer Autosalon vorgestellt wird. In Genf debütiert auch der 599XX, der brachial anzusehen ist – ganz so, als hätte man ausgehend von der Silhouette des „599" ein Rennfahrzeug entworfen, das nur noch formal mit dem Ausgangsfahrzeug etwas zu tun haben muss. In gewisser Weise stimmt das auch, selbst wenn der 599XX kein Rennwagen ist: Er ist der konzeptionelle Nachfolger des Enzo-basierten FXX.

Auch der 599XX ist nicht zulassungsfähig, kostet über eine Million Euro und ist auf 30 Exemplare limitiert. Erneut werden nur ausgewählte Kunden für einen Erwerb angesprochen, wobei im Preis wiederum die Events und das Entwicklungsprogramm als „Testfahrer" mit enthalten sind. Eine ganze Fülle neuer Technologien kommt im

Gewaltiger Anblick: Das Heck des 599 GTO kennzeichnet ein großer Diffusor, der auch die Abgasanlage einschließt, die seitlichen Luftauslässe und natürlich das GTO-Schild.

599XX zum Einsatz: Um Gewicht zu sparen sind Teile der Karosserie aus CFK, die Schaltzeiten auf 60 Millisekunden gedrückt und das Drehzahlniveau auf 9.000 U/min gesteigert. Mit 700 PS fällt die Leistung zwar nicht ganz so extrem wie beim FXX aus, doch dafür beeindruckt der 599XX durch seine wegweisende Aerodynamik. Auf den ersten Blick ist davon vergleichsweise wenig zu sehen – abgesehen von dem deutlich vergrößerten Heckspoiler, einem noch größeren Diffusor und den Winglets an der C-Säule.

Doch die eigentliche Sensation ist unter dem Fahrzeug. Dort setzt Ferrari ein selbst entwickeltes System namens „Actiflow T" ein, das sich auf Höhe des Kofferraums befindet. Es besteht aus zwei Ventilatoren, die einen Teil der Luft unterhalb des Fahrzeugs absaugen und damit die verbleibende Luft beim Austritt über den Diffusor beschleunigen – was einen höheren Abtrieb generiert. Dazu ist es nötig, dass die Absaugung unmittelbar vor dem Diffusor durch eine poröse Schicht erfolgt, weil nur so Turbulenzen vermieden werden. Wie wirkungsvoll

Ferrari P540 Superfast Aperta Pininfarina

Wilder 1968er zum Vorbild

1968 neigt sich bei Ferrari die Ära der Einzelstücke dem Ende entgegen. Trotzdem entsteht bei der Carrozzeria Fantuzzi auf Basis eines 330 LMB ein Unikat, das in dem Fellini-Streifen „Toby Dammit" zu Film-Ehren kommt. Von ihm schwärmt der amerikanische Autosammler Edward Walson so sehr, dass er in Maranello wegen eines Einzelstücks nach historischem Vorbild vorspricht. Ferrari ist milde gestimmt und erlaubt den Umbau eines 599 GTB Fiorano mit Hilfe von Pininfarina – natürlich ohne Änderung der Technik. Walsons Vorstellungen sind recht konkret und orientieren sich am Original: Offen muss der Wagen sein, allerdings mit breitem Überrollbügel (worauf auch Ferrari Wert legt), eine goldene Lackierung haben und seitlich eine großflächige „Kiemen-Struktur" besitzen. Pininfarina hält sich daran, während die Ferrari-Techniker reichlich Carbon verwenden, damit das Fahrzeug trotz der Versteifungen nicht zu schwer wird. Als es Ende 2009 fertig wird, schmücken es die Beteiligten mit dem Namen P540 Superfast Aperta. Während die Logik der Ziffern Geheimnis des Besitzers bleibt, ist „Superfast" historisch belegt und „Aperta" in deutscher Übersetzung „Offen".

das aufwendige System arbeitet, zeigt sich im erzeugten Anpressdruck: Bei 300 km/h ruhen zusätzliche 630 Kilogramm auf dem Fahrzeug – fast das Vierfache im Vergleich zum „normalen“ 599 GTB Fiorano.
Schon ein Jahr später ist die Baureihe wieder Gegenstand von Spekulationen: So sickert durch, dass eine straßentaugliche Version des 599XX am Entstehen ist. Doch die sucht man auf dem Genfer Autosalon vergebens. Statt dessen trifft man auf dem Ferrari-Stand auf ein matt grünes Concept-Car auf Basis des 599 GTB Fiorano. Mit ihm zeigen die Italiener ein weiteres Stück Technologietransfer aus der Formel 1, denn der 599 HY-KERS (der offiziell gar keine richtige Modellbezeichnung hat) besitzt ein KERS-ähnliches System – also jene Hybridtechnik, die im Jahr zuvor Einzug in die Formel 1 hält und dort von Ferrari perfekt umgesetzt wird.
Es ist bereits der zweite Ferrari, der bewusst Umwelttechnologie zur Schau stellt: 2008 zeigt Ferrari im Januar auf der NAIAS in Detroit eine Biofuel-Variante des F430 Spider, die mit E85 (ein Kraftstoffstoff mit 85 Prozent Ethanol-Anteil, üblicherweise aus nachwachsenden Rohstoffen gewonnen) betrieben werden kann. Während dieses Unikat aber völlig „untergeht“, scharen sich die Medien um den 599 HY-KERS, der mit seiner Lackierung nicht zu übersehen ist.
KERS (Kinetic Energy Recovery System) macht sich – genauso wie die Hybridtechnik in Pkw – die frei werdende Energie beim Bremsen von Fahrzeugen zunutze. Mittels Generatoren wird diese in elektrischen Strom umgewandelt, die in Akkus gespeichert wird. Während Hybridfahrzeuge diese Energie nutzen, um zum Beispiel rein elektrisch anzufahren, dient sie in der Formel 1 als Power-Booster, um durch den Einsatz eines zusätzlichen Elektromotors schneller zu beschleunigen oder einen Konkurrenten zu überholen.

Eine Tradition: Der 599 GTO ist der dritte Ferrari, der das Kürzel GTO verwendet. Vor ihm tragen es schon 250 GTO (1962) und 288 GTO (1984).

Den 599 HY-KERS sieht Ferrari als reines Experimentalfahrzeug, um Erfahrungen zu sammeln. So ist das Ausstellungsstück zuvor fast schon ein Jahr lang unerkannt auf öffentlichen Straßen unterwegs – nicht in Grün und auch ohne anderweitige optische Erkennungsmerkmale. Denn längst ist man sich auch in Maranello bewusst, dass die Zeichen auf Umbruch stehen.
Die Hybridtechnik ist dabei ein Weg zu geringeren Verbräuchen und Emissionswerten – einer, den Ferrari nicht kategorisch ausschließt. So orakelt Ferrari-CEO Felisa in Genf: „Falls sich Ferrari für den Hybrid-Weg entscheiden sollte, würde ein Serienfahrzeug nicht vor drei Jahren erscheinen, aber spätestens in fünf.“ Zwischen den Zeilen wird auch deutlich, dass ein elektrisches

Insignien der Kraft: Neben auf Auffälligkeiten überrascht der 599 GTO an vielen Stellen durch mehr oder minder dezente Hinweise, ein ganz besonderer Ferrari zu sein. Dazu gehören zum Beispiel die rote Lackierung im Motorraum (oben) und das Einschaltbild des Displays (rechts).

Antriebssystem nicht als Option angeboten würde, sondern integraler Bestandteil des gesamten Fahrzeugkonzepts wäre.

Die Technologie, die im 599 HY-KERS steckt, macht Ferrari aber nur eingeschränkt öffentlich. So ist zum Beispiel die Lithium-Ionen-Batterie außergewöhnlich flach, sodass sie sogar noch mittig unter den Antriebsstrang passt – was gut für den Schwerpunkt ist, der sogar tiefer als beim 599 GTB Fiorano rutscht. Doch andererseits schlägt alleine dieses Bauteil mit 40 Extra-Kilos zu Buche.

Doch Ferrari garantiert, pro Kilogramm Mehrgewicht ein Zusatz-PS dagegenzusetzen. Davon hat der 599 HY-KERS gleich 100, sodass seine Systemleistung auf 720 PS klettert. Sie reichen mühelos aus, um die geschätzten 80 bis 90 Kilogramm der KERS-Technik wieder auszugleichen. Darin enthalten ist auch ein Doppelkupplungsgetriebe, das in diesem Prototyp erstmalig mit einem V12-Motor verbunden ist.

Überdies kokettiert Ferrari damit, dass der Versuchsträger rund 35 Prozent weniger Kraftstoff im Vergleich zum 599 GTB Fiorano braucht – wobei allerdings auch eine Start-Stopp-Automatik zum Einsatz kommt. Völlig im Dunkeln bleibt dagegen die Einsatzlogik des Elektroantriebs – sowohl was den 599 HY-KERS betrifft als auch zukünftige Serienmodelle. Kaum vorstellbar ist, dass die Kraft des Stroms ausschließlich in eine bessere Performance fließt, wahrscheinlicher dagegen, dass der Fahrer mittels Manettino die Strategie selbst wählen kann.

Der 599 HY-KERS ist ein Star in Genf und bestätigt Ferrari die Richtigkeit der Entscheidung, eine andere Neuvorstellung noch sechs Wochen hinausgezögert zu haben: Im fernen Peking debütiert im April 2010 der neue „GTO“, der 599 GTO – dessen Premiere in Europa möglicherweise für Misstöne gesorgt hätte. Er ist die gelungene Kreuzung aus 599 GTB Fiorano und 599XX und wird von den Italienern – nomen est omen – auf 599 Exemplare limitiert. Damit ist er nach dem F40 von 1987 der Zweithäufigste der Ferrari-Supercars. Trotzdem ist er binnen kürzester Zeit restlos ausverkauft – zum stolzen Preis von 317.500 Euro.

Äußerlich sind es eher Details, mit denen sich der 599 GTO zu erkennen gibt. Das matt schwarze Dach, der vergitterte Kühlergrill vorne, die zusätzlichen Luftein- und -auslässe am Heck und der größere Diffusor sind noch die am einfachsten zu erkennenden Indizien. Einfacher wird es anhand des Datenblatts: Zwar bleibt der Hubraum bei 6,0 Litern, doch die Leistung klettert dank einer neuen Ansauganlage auf 670 PS. Das macht den 599 GTO zum stärksten Straßen-Ferrari aller Zeiten und bedeutet eine sensationelle Literleistung von 111,7 Kilogramm pro PS. 620 Newtonmeter, eine Höchstgeschwindigkeit von über 335 km/h und ein Sprintvermögen von 3,4 Sekunden bis Tempo 100 sind weitere phänomenale Eckdaten, mit denen die Sonderstellung des „GTO" deutlich wird.

Geschaltet wird ausschließlich per sequenzieller Wippenschaltung (60 Millisekunden pro Gangwechsel), gebremst wird mit Carbon-Keramik-Bremsscheiben der zweiten Generation und geregelt wird mit der neuartigen Stabilitätskontrolle VDC. Auch bei der Dämpfung kommt ein weiterentwickeltes SCM zum Einsatz, das direkt vom 599XX stammt. Neu ist auch der Vehicle Race Engineer (VRE): Er ist eine Art Datenaufzeichnung, die in der Lage ist, fahrdynamische Parameter wie Quer- und Längsbeschleunigung oder das „Restpotenzial" des Fahrzeugs grafisch darzustellen. Dies erfolgt auf dem hochauflösendem Display neben dem Drehzahlmesser.

Der „GTO" ist zweifelsfrei ein Höhepunkt in der Geschichte des „599" – allerdings nicht der letzte. Inzwischen bekommt auch der lang erwartete offene 599 Spider (der allerdings nicht so heißen wird) seinen letzten Feinschliff. Damit setzt Ferrari die Tradition offener V12-Modelle fort. Und das vermutlich sogar besonders eindrucksvoll: Denn wahrscheinlich ist der 599-GTO-Motor mit an Bord.

Innen wie außen: Leichtbau ist das dominierende Thema beim 599 GTO – auch im Cockpit.

Limitiert: Exakt 599 Exemplare fertigt Ferrari vom 599 GTO. Sie sind bereits in kürzester Zeit ausverkauft.

Ferrari California

Einer für alles

Die Evolution hat ein ähnliches Sprintvermögen wie ein Formel-1-Wagen: Leistet der 1994 vorgestellte F355 stolze 380 PS, haben zehn Jahre später die V8-Modelle von Ferrari bereits 490 PS – was einem Wachstum von knapp 30 Prozent entspricht. Sportwagen-Fans registrieren das mit Wohlwollen, schließlich kann ein Ferrari gar nicht stark genug sein. Außerdem legt sich auch die Konkurrenz mächtig ins Zeug, wenn auch nicht ganz so stark wie Ferrari: Liegen in den 1970er- und 1980er-Jahren der Ferrari 308 GTB und der Porsche 911 bei der Leistung nahezu gleich auf, hat spätestens der F430 die Konkurrenz aus Zuffenhausen abgehängt: Seinen 490 PS stehen selbst in der schärferen „S"-Ausführung des deutschen Evergreens nur 355 PS gegenüber.

Doch nicht nur was die Leistung betrifft, schießen die V8-Modelle immer weiter nach oben. Nicht weniger rasant ist die Entwicklung beim Preis, der einst fast auf dem Niveau eines gut ausgestatteten Porsche 911 liegt, jetzt aber eine deutlich höhere Größenordnung erreicht. Angesichts dieser Veränderungen ist es vergleichsweise harmlos, dass die V8-Modelle auch bei den Abmessungen im Laufe der Zeit spürbar zulegen.

So ist es nahe liegend, dass bei Ferrari entsprechende Planspiele stattfinden, wie die entstandene Lücke geschlossen werden kann. Denn spätestens mit der Vorstellung des 360 Modena hat die V8-Plattform eine Dimension erreicht, die eine Erweiterung des Modellprogramms durchaus zulassen würde. Doch zu diesem Zeitpunkt (1999) weist man solche Spekulationen strikt zurück: Noch gibt es andere Aufgaben, die weit dringlichere Priorität haben, stellt Ferrari-Chef Montezemolo klar.

Eine davon ist die Sanierung von Maserati (siehe Seite 114). Denn seitdem Ferrari mit dem einstigen Rivalen eine Allianz bildet, muss Montezemolo die Profitabilität, die Qualität und die Verkaufszahlen für zwei Marken im Auge behalten. Vor allem muss er für Maserati die richtige Position im Markt finden. Schnell wird klar: Dort, wo der Dreizack leistungsmäßig und preislich aufhört, fängt Ferrari erst an. Und selbst wenn das Maserati Coupé und der V8-Ferrari eine Weile lang fast gleich stark sind, so ist der 360 Modena als das spürbar sportlichere Modell ausgelegt.

Die neue Rolle von Maserati, die gemessen an den letzten 20 Jahren ein rapider Aufstieg

Der California ist ein bildhübsches Coupé? Ja, aber dank des versenkbaren Hardtops auch ein rassiges Cabriolet.

Markant: Die übereinander platzierten Abgasendrohre sind völlig neu, ebenso das im Vergleich zum F430 Spider hohe Heck.

ist, beendet bis auf Weiteres sämtliche Diskussionen über einen „kleinen Ferrari". Das ändert sich, als im Frühjahr 2006 die Ferrari Maserati Group aufgelöst wird und der Modeneser Sportwagenhersteller zu einer eigenständigen Marke innerhalb des Fiat-Konzerns wird (analog zu Ferrari). Zwar findet auch weiterhin reger Technologie- und Teileaustausch statt, doch nun sind beide Marken wieder Wettbewerber innerhalb der Fiat-Gruppe – zumindest so lange, wie daraus kein Schaden für den Gesamtkonzern entsteht.

Während für Maserati die Lage eindeutig und ein „Angriff nach oben" völlig abwegig ist, ist die Situation bei Ferrari anders: Die V8-Modelle haben sich innerhalb des Modellprogramms zu extrem fahrdynamischen Fahrzeugen entwickelt, die in manchen Belangen sogar den großen V12-Modellen gefährlich nahe kommen – oder sie als Mittelmotorfahrzeuge sogar einholen. Damit ist es nahe liegend, das Fahrzeugangebot mit einem nicht ganz so extremen Modell beginnen zu lassen.

Regelmäßig rätseln Medien in diesem Zusammenhang über eine Wiederbelebung des Begriffs Dino. Er steht schon in der Vergangenheit genau dafür, was ein neues, zusätzliches Fahrzeug ausdrücken soll: Durch und durch Ferrari, aber etwas einfacher und preisgünstiger. Um wenigstens etwas Realitätsbezug zu zeigen, spekulieren die Journalisten eher über Dino als Typenbezeichnung oder Namenszusatz und nicht über die Wiedereinführung einer neuen Sub-Marke. Je energischer man bei Ferrari den Namen bestreitet, desto hartnäckiger verbreitet sich das Gerücht.

Tatsächlich laufen die Planungen bei Ferrari in eine völlig andere Richtung – was aufmerksamen Maranello-Reisenden spätestens dann bewusst wird, wenn sie auf

Modellübersicht

California	
seit 2008:	4,3 l / 460 PS

„kleine“, schwarz abgeklebte Fahrzeuge stoßen: Die Erlkönige haben Frontmotor! Dabei passen Frontmotor und Dino so gut zusammen wie Ferrari und Dieselmotor.
Doch Ferrari hat es eilig! Die Situation ist perfekt für einen neuen Ferrari, denn die Verkaufszahlen übertreffen sich jährlich und die Nachfrage ist weiterhin hoch. Entsprechend kurzfristig soll die zusätzliche Baureihe an den Start gehen. Deshalb nutzt Ferrari die Synergien mit Maserati und greift auf die Vorentwicklung des neuen Maserati Spyder zurück. Sie ist immer noch in einem so frühen Stadium, dass Ferrari in weiten Bereichen eigene Lösungen und Konzepte umsetzen kann, die für die Marke wichtig sind. Aus Trotz, auf Anweisung oder aus wirtschaftlichen Gründen orientiert sich Maserati im Folgenden neu und präsentiert als Spyder-Nachfolger den GranCabrio, der auf dem großen Coupé, dem GranTurismo, basiert und damit letztlich auf der langen Quattroporte-Plattform.
Bei Ferrari beginnt indes ein Entwicklungsmarathon, wie er niemals zuvor absolviert wird. Das Lastenheft enthält unglaubliche Vorgaben, von denen viele für Ferrari absolutes Neuland sind. Das Fahrzeug wird in vielen Punkten anders als der Rest der Modellpalette. Damit ist auch ohne einen Blick in die Preisliste abzusehen, dass eine solche Zahl an Innovationen kostspielig ist. Trotzdem ist mancher Beobachter irritiert, als Luca di Montezemolo bei Weltpremiere auf dem Pariser Autosalon 2008 den Preis des Wagens nennt. Inklusive deutscher Mehrwertsteuer beträgt er 176.200 Euro – kaum weniger als für den F430 Spider und fast genauso viel wie für den F430.
Von einem „Einsteiger-Ferrari“ zu reden ist daher völlig daneben. Und auch der Begriff „klein“ ist deplaziert – vom Dino-Prinzip kann wahrlich nicht die Rede sein. Allerdings greift Ferrari bei der Namensgebung trotzdem gerne auf die ruhmreiche Vergan-

Zwei Ausführungen: Der California kann mit einer Ablage hinter den Sitzen bestellt werden. Dann ist auch das Durchladen sperriger Gegenstände aus dem Kofferraum möglich (oben und rechts). Alternativ dazu sind auch zwei Notsitze erhältlich, die über Isofix-Befestigungen verfügen (unten).

Optischer Bezug: Mit seinem Namensvetter, dem 250 GT California Spider von 1957, hat der Neue vor allem die Form des Kühlergrills und den Lufteinlass auf der Motorhaube gemeinsam.

genheit zurück und adelt die vierte Baureihe als California. Der Name ist eine Hommage an den Ferrari 250 GT California Spider, der zwischen 1957 und 1962 in zwei Radstand-Versionen gebaut wird. Bemerkenswerte Parallele: Auch damals hat Ferrari mit dem 250 GT Cabriolet ein zweites offenes Fahrzeug im Programm. Beide sind sich konzeptionell sogar noch ähnlicher. Damals wie heute stammt das Design von Pininfarina. Vater Sergio und Sohn Andrea bekommen bei der Entwicklung des California sogar ausdrücklich die Vorgabe, die Vergangenheit zu zitieren. Tatsächlich sind die Form des Kühlergrills und der markante Lufteinlass auf der Motorhaube unverkennbar „California Spider", ohne dass der Wagen überzogen „retro" wirken würde. Dafür sorgt Pininfarina mit dem reichlichen Einsatz von Elementen, die dem Design der aktuellen Modellpalette entnommen sind. Zum Beispiel die Gestalt der Rückleuchten oder die schmalen Frontscheinwerfer. Doch auch völlig Neues findet sich wieder. Besonders markant ist die zweifache Doppelrohrabgasanlage, bei der die Endrohre jeweils übereinander platziert sind.

Ungleich aufsehenerregender ist allerdings die Dachkonstruktion. Einerseits soll der California ein Cabriolet sein. Doch andererseits soll das Fahrzeug auch eine hohe Alltagstauglichkeit besitzen. Vor diesem Hintergrund kommt es gelegen, dass bereits das ursprüngliche Konzept ein versenkbares Hardtop vorsieht – eine Lösung, die zwar in preisgünstigeren Cabriosegmenten längst etabliert ist, im direkten Wettbewerbsumfeld aber höchstens noch bei den AMG-Versionen des Mercedes SL auftaucht.

Völlig unabhängig davon, wie raffiniert das Dach letztlich ausfällt, beschert es Pininfarina ein kleines stilistisches Problem: Ist das Dach versenkt, benötigt es Platz. Deshalb fällt der Heckbereich des California vergleichsweise kräftig und hoch aus. Doch der Altmeister ist Profi genug, durch eine schwungvolle Seitenlinie mit zusätzlich angedeutetem „California-Spider-Hüftschwung" die Aufgabe exzellent zu lösen.

Nicht nur für das Design, sondern auch bei der Entwicklung des Dachs greift Ferrari auf Expertenhilfe zurück: 2006 vergeben die Italiener einen entsprechenden Auftrag an die deutsche Spezialfirma Webasto bei München. Dort kennt man sich mit dererlei

Enzo Ferrari

Il Commendatore

Enzo Ferrari wird am 18. Februar 1898 bei Modena geboren und ist schon früh der Technik zugewandt. Er träumt davon, Rennfahrer zu werden. Der Erste Weltkrieg unterbricht seine Lebensplanung, die 1919 eine überraschende Wendung nimmt: Er wird Testfahrer bei dem Fahrzeughersteller CMN. Auch startet er bei Autorennen und erringt in seiner folgenden Karriere beachtliche Erfolge – erst recht, als er zu Alfa Romeo wechselt. Trotz allem erkennt Enzo Ferrari, dass seine Stärken eher im Organisieren, Planen und Verhandeln liegen. So gründet er 1929 mit der Scuderia Ferrari seinen eigenen Rennstall mit Alfa-Romeo-Fahrzeugen. Wegen der großen Erfolge übernimmt er schließlich auch die Leitung des Werksteams und erhält 1937 vom Staat die Auszeichnung Commendatore verliehen – ein Titel, mit dem er fortan angesprochen wird. Das Zerwürfnis mit Alfa Romeo und der Zweite Weltkrieg zwingen Ferrari indes zu einem Neuanfang, den er 1947 mit eigenen Fahrzeugen wagt. Ein persönlicher Schicksalsschlag ereilt ihn 1956, als sein Sohn Alfredo „Dino" an Leukämie stirbt. Zu seinem Andenken entstehen später Fahrzeuge mit der Bezeichnung Dino. Sein unehelicher Sohn Piero tritt indes erst spät ins Unternehmen ein, dem er bis heute angehört. Enzo Ferrari stirbt am 14. August 1988.

Dächern bestens aus und entwirft ein Produkt, das zum „Ferrari unter den Dachsystemen“ wird. Nicht nur, dass Öffnen und Schließen jeweils in rekordverdächtigen 14 Sekunden vonstatten gehen – viel entscheidender sind das geringe Gewicht und die hohe Steifigkeit. So wiegt das gesamte System inklusive Verdeckkastendeckel gerade mal 105 Kilogramm und liegt damit deutlich unter dem geforderten Wert von Ferrari.

Damit die Premiere der RHT-Technologie (RHT = Retractable Hardtop) bei Ferrari erfolgreich wird, fertigt der Zulieferer das System nahezu vollständig aus Aluminium, einschließlich der beiden Dachschalen. Innovativ ist außerdem, dass im Ferrari California beim Öffnen des Dachs die beiden Hälften nicht gefaltet, sondern parallel übereinander abgelegt werden. In Folge dessen fällt der Verdeckbereich äußerst kompakt aus, wodurch viel Platz für den Kofferraum bleibt. So überrascht der California bei geschlossenem Hardtop mit einem Volumen von 360 Litern und bei versenktem von immerhin noch 260 Litern.

Zum geringen Platzbedarf gesellt sich der Vorteil, dass die RHT-Technologie Pininfarina ungeahnte Möglichkeiten bei der Gestaltung des Fahrzeugs im geschlossenen Zustand gibt. Tatsächlich besitzt der California eine Dachlinie, die der eines herkömmlichen Coupés in Proportionen und Formgebung praktisch gleichkommt. Dass es sich dabei um ein geschlossenes Cabriolet handelt, wird von vielen Passanten gar nicht wahrgenommen.

Tatsächlich entbrennt allerdings schon bei der Vorstellung des California die Diskussi-

Aufwendige Technik: Das Dachsystem des Zulieferes Webasto zeichnet sich durch sein geringes Gewicht und seinen ungewöhnlichen Mechanismus aus.

Navigation & Co.: Der California besitzt als erster Ferrari einen Infotainment-Bildschirm.

Schützenhilfe von Ferrari: Als 2001 der neue Maserati Spyder debütiert, kommt erstmals ein in Maranello entwickeltes Triebwerk zum Einsatz (rechts und ganz rechts).

Ferrari und Maserati

Zu Lebzeiten von Enzo Ferrari sind die Fronten zwischen Ferrari und Maserati klar gesteckt: Maserati ist bereits seit 1926 im Motorsport aktiv und auch zu jener Zeit, als Enzo Ferrari Rennstallchef wird: Mit seiner Scuderia Ferrari und in der Folgezeit mit den Werkswagen von Alfa Romeo tritt er in den 1930er-Jahren gegen die Fahrzeuge mit dem Dreizack an – oft mit Erfolg. Doch die ganz großen Siege feiern in dieser Zeit vor allem die Silberpfeile aus Deutschland.

Der Zweite Weltkrieg stellt eine Zäsur dar, der für beide Rivalen einen Neuanfang erforderlich macht. Trotzdem können die Unterschiede kaum größer sein: Bei Maserati haben die legendären Brüder das Unternehmen verlassen, das jetzt vom Industriellen Adolfo Orsi geleitet wird. Auf der anderen Seite steht Enzo Ferrari erst vor dem eigentlichen Beginn seiner Laufbahn: Er macht sich unter eigenem Namen selbstständig.

Zunächst vermag es Maserati – nicht zuletzt auch aufgrund des exzellenten Rufs –, an alte Zeiten anzuknüpfen. Doch Ferrari kontert und geht in Führung: Erfolge in der Sportwagen- und Formel-1-WM sowie bei den gut betuchten Prominenten machen das springende Pferd in kurzer Zeit bekannt. Nur einmal, 1957, gelingt es Maserati, die Formel-1-Krone zu erobern.

Gemeinsam ist beiden Firmen, dass sie Straßenfahrzeuge produzieren müssen, um ihre Rennsportaktivitäten zu finanzieren. Eine geordnete Serienfertigung startet bei Maserati noch vor Ferrari – nicht zuletzt, weil wirtschaftliche Engpässe dafür sorgen, dass sich die Marke mit dem Dreizack ganz aus dem Renngeschäft verabschieden muss.

Die Wirtschaftskrise der 1970er-Jahre bringt Maserati erneut ins Schlingern. Auf das Beinahe-Aus folgt die Übernahme durch den Industriellen Alejandro de Tomaso. Er sorgt dafür, dass Maserati ab 1982 Ferrari wieder überholt: in den Stückzahlen. Mit der Biturbo-Baureihe, einem Fahrzeug vom Format eines BMW 3er, erschließt sich die Marke mit dem Dreizack neue Kunden. Noch mangelnde Qualität beschädigt den Ruf von Maserati nachhaltig. Als Enzo Ferrari 1988 stirbt, ist Maserati für ihn definitiv kein Konkurrent mehr.

Weil es mit Maserati weiter abwärts geht, steigt 1989 Fiat bei der Nobelmarke ein und übernimmt diese 1993 völlig. Der Konzern überrascht im Herbst 1997 mit der Ankündigung, Maserati der Hoheit von Ferrari zu unterstellen. Beide zusammen bilden fortan die Ferrari Maserati Group – natürlich unter der Führung von Ferrari und dessen Präsidenten Luca di Montezemolo.

Auf den ersten Blick scheint nur Maserati Nutznießer der neuen Kooperation zu sein. Das Unternehmen aus Modena bekommt erprobte und bewährte Prozesse aus der Ferrari-Fertigung und der Qualitätssicherung. Auch viele Bereiche des Ferrari-Technikregals stehen fortan für Fahrzeuge mit

Ungewohnt: In der Ferrari Maserati Group arbeiten beide Sportwagenhersteller besonders eng zusammen (ganz rechts).

Schützenhilfe auch im Rennsport: Der Technologietransfer mit Ferrari ermöglicht Maserati auch ein erfolgreiches Comeback im internationalen Motorsport (unten).

Dreizack offen. Dazu gehört die F1-Schaltung, die bei Maserati als Cambiocorsa vermarktet wird. Auch die Triebwerke werden von Ferrari entwickelt, um dann bei den Modenesern modifiziert und eingesetzt zu werden – teilweise sogar noch bevor sie bei Ferrari im Einsatz sind. So handelt es sich bei dem Aggregat des Ferrari F430 um jenes Triebwerk, das in seinen Grundzügen 2001 mit 4,2 Litern Hubraum und 390 PS im Maserati Spyder debütiert.
Allerdings achtet der Ferrari-Chef genau darauf, dass die Rangfolge zwischen beiden Marken stets gewahrt bleibt. Durch Modellpositionierung und Leistungsunterschiede unterstreicht das springende Pferd die Rolle der Nummer eins. Das zeigt sich beim Maserati MC12, der mit Hilfe der Technologie des Ferrari Enzo Ferrari entsteht und 30 PS schwächer ausfällt. Dafür darf er zeigen, was sportlich im Enzo gesteckt hätte: Der MC12 GT1 wird zum Überflieger in der FIA GT-Weltmeisterschaft.
Doch auch Ferrari profitiert von der Situation: Große Investitionen – allen voran die teure Lackiererei – werden erst dadurch rentabel, dass sich durch Maserati das Fahrzeugvolumen verdoppelt. Selbst als die Ferrari Maserati Group 2006 wieder aufgelöst und Maserati innerhalb des Fiat-Konzerns eigenständig wird, bleibt die Kooperation hinter den Kulissen weiter erhalten.

on, ob das Hardtop in das Fahrzeugsegment passt. Doch hier stellt Ferrari-Chef Montezemolo unmissverständlich klar: „Das ist eine Komponente, die auf ausdrücklichen Wunsch unserer Kunden zum Einsatz kommt. Außerdem", ergänzt er pragmatisch, „ist es ein zusätzliches Unterscheidungskriterium zum F430 Spider."
Der Einsatz des versenkbaren Hardtops anstelle eines klassischen Textilverdecks ist allerdings nicht die einzige konzeptionelle Neuerung, die den California prägt: Nie zuvor gibt es einen Serien-Ferrari, dessen V8-Motor vorne schlägt. Denn bis zu diesem Zeitpunkt baut man in Maranello die Achtzylindertriebwerke nur hinter die Fahrgastzelle ein, während die klassische Gran-Turismo-Anordnung des Fronttriebwerks ausschließlich V12-Aggraten vorbehalten ist. Obwohl der Radstand des California mit 2.670 Millimetern nicht übertrieben lang ausfällt, reicht der Platz aus, um das kompakte Triebwerk nicht auf die Vorderachse setzten zu müssen. Nach 612 Scaglietti und 599 GTB Fiorano ist der California damit bereits das dritte Front-Mittelmotorfahrzeug von Ferrari. Entsprechend fahrdyna-

Zeitgemäß: Der California ist der erste Ferrari für das zweite Jahrzehnt. Viel von seiner Technologie ist wegweisend.

Fahraktiv: Weil beim California so viel Wert auf Ökologie, Sicherheit, Komfort und Alltagstauglichkeit gelegt wird, kommt manchmal etwas zu kurz, dass er auch ein hochkarätiger Sportwagen in bester Ferrari-Manier ist.

misch fällt die Achslastverteilung aus. Nicht zuletzt auch dank der Transaxle-Bauweise ruhen lediglich 47 Prozent des Gewichts auf der Vorderachse und 53 Prozent hinten.

V8 im 90-Grad-Winkel und 4,3 Liter Hubraum – der flüchtige Blick auf die technischen Daten lässt den Eindruck aufkommen, dass es sich bei dem Motor um das Aggregat aus dem F430 handelt. Doch weit gefehlt. Mit 4.297 Kubikzentimetern liegt der Hubraum sogar leicht unter dem des Mittelmotorrenners. Weniger überraschend ist indes, dass California-Piloten auch weniger Leistung als F430-Fahren zur Verfügung steht. Allerdings reichen die ausgewiesenen 460 PS bei 7.750 U/min immer noch aus, um die hausinterne Konkurrenz à la Maserati GranTurismo in Schach zu halten. Maximal dreht das Triebwerk sogar bis zur 8.000er-Marke.

Dass der California-Motor aber fast sogar noch bissiger wirkt als das F430-Aggregat liegt am 20 Newtonmeter höheren Drehmoment. So wartet der Front-V8 mit 485 Newtonmetern auf, die überdies sogar bereits bei 5.000 Touren anliegen. Ungewohnt für ein Ferrari-Triebwerk ist auch, dass schon bei gemächlichen 2.250 Umdrehungen gut 360 Newtonmeter anliegen – ein überdeutliches Zeichen, dass Ferrari beim California die Fahrbarkeit im Alltag sehr am Herzen liegt. Maßgeblich trägt die variable Ventilsteuerung zu dieser Motorcharakteristik bei.

Weniger mit leichter Handhabung als viel mehr mit besserer Effizienz hat dagegen eine andere Neuheit zu tun, die dem Neuen auch an anderer Stelle einen Platz in den Ferrari-Geschichtsbüchern sichert. Er ist der erste Ferrari mit Benzindirekteinspitzung (abgesehen vom 1956er Lancia-Ferrari D50 aus der Formel 1). Sie ist ausgangs

Michael Schumacher

Steuermann des Formel-1-Triumphs

Auf dem Weg zurück an die Spitze der Formel 1 ist es der geschickteste Schachzug von Ferrari, den besten Fahrer zu verpflichten. 1995 ist das Michael Schumacher, der gerade seinem zweiten WM-Titel entgegenfährt. So wechselt der am 3. Januar 1969 in Kerpen geborne Pilot für die Saison 1996 zum Traditionsrennstall. Ihm ist dabei bewusst, dass vor ihm ein steiniger Weg liegt: Ferrari ist in dieser Zeit nur mäßig erfolgreich. Doch schon in seinem ersten Jahr erringt er drei Siege, wird in Italien zum „Nationalheld" und kämpft in den beiden Folgejahren sogar wieder um die WM-Krone mit. 1999 knüpft er an diese Erfolge an, muss aber nach einem Unfall pausieren. Immerhin trägt er dazu bei, für Ferrari den Konstrukteurstitel zu sichern. Der Knoten platzt im Jahr 2000, als er Weltmeister wird und eine ungeahnte Erfolgsserie beginnt: Viermal verteidigt er sei-

nen Titel und wird Rekord-Weltmeister. Während bis zum ersten Titelgewinn die Anspannung bei Ferrari spürbar ist, löst der Erfolg den Druck und Schumacher wird auch werblich stärker genutzt. Er tritt für Fiat und Maserati auf, natürlich auch bei Ferrari-Veranstaltungen. Der Enzo ist der erste Straßen-Ferrari, an dessen Setup Schumacher mitwirkt. Doch erst das Ende seiner Formel-1-Laufbahn und die neue Beraterfunktion lassen ihn näher zu den Serienfahrzeugen rücken: 430 Scuderia, California und 458 Italia tragen seine Handschrift. Sein Comeback 2010 mit Mercedes in der Formel 1 beendet zwangsläufig alle Verbindungen zu Ferrari.

des Jahrzehnts im Automobilbau „State of the Art“ und in vielerlei Hinsicht nützlich. So bewirkt sie durch eine optimierte Verbrennung eine höhere Leistungsausbeute, die beim California wichtig ist, um den „Malus“ – bedingt durch die bessere Fahrbarkeit – teilweise wieder auszugleichen.

Die Optimierung des Zündvorgangs hat außerdem den Vorteil, dass weniger Kraftstoff benötigt wird, was sich unmittelbar in gesunkenen Verbrauchs- und Emissionswerten niederschlägt. Damit bricht für Ferrari eine neue Ära an, denn im Vergleich zu der übrigen Modellpalette purzeln die entsprechenden Daten auf neue Niedrigstwerte: Ein CO_2-Ausstoß von 306 g/km und ein Durchschnittsverbrauch von 13,1 Litern pro 100 Kilometer sind für einen 460-PS-Ferrari eine Sensation. Entsprechend günstig ist auch die Abgaseinstufung des neuen California: Er erfüllt die strengen EU5- (Europa) und Lev2-Normen (USA).

Natürlich hat die ungewohnte Motorcharakteristik auch Auswirkungen auf die Akustik. So klingt der Frontmotor-Sportwagen anders als sein Heckmotor-Kollege. Er ist leiser, etwas tiefer gestimmt und weniger provozierend – zumindest im Stand und bei gemächlicher Fahrweise. Erst wenn die Nadel des Drehzahlmessers nach oben saust, wird das Schnauben der Pferde zu einem Wiehern, das dann kaum mehr von der Herde des F430 zu unterscheiden ist. Wichtig dabei: Auch im California-Motor arbeiten Nockenwellen, bei denen die Hubzapfen in bester Ferrari-Manier um 180 Grad gedreht sind. Deswegen hört er sich auch nicht an wie ein „bollerndes“ amerikanisches Muscle-Car.

Angesichts so vieler Neuerungen geht fast ein bisschen unter, dass Ferrari auch bei der Kraftübertragung neue Wege einschlägt. Denn neben dem konventionellen Sechsganggetriebe bietet Ferrari für den California auch ein Doppelkupplungsgetriebe an.

Eine Frage der richtigen Proportionen: Die Draufsicht (oben und unten) macht deutlich, wie großzügig die Innenraumabmessungen des California bemessen sind. Trotzdem schaffen es die Techniker, das V8-Triebwerk noch hinter der Vorderachse zu platzieren und damit eine exzellente Gewichtsverteilung zu erzielen.

Meilensteine unter den Ferrari-Cabrios: Der 275 GTS von 1964 (rechts) und der 365 GTS/4 von 1969 (ganz rechts) zeigen den hohen Stellenwert, den offene Sportwagen in diesem Jahrzehnt haben.

Cabrios von Ferrari

Der erste Ferrari ist ein Rennwagen – und damit, ganz zeitgemäß, ein offenes Auto. So entspricht der 125 S dem damals vorherrschenden Ideal einer Barchetta (zu Deutsch: kleines Boot). Der Zweisitzer besitzt keinerlei Verdeck. Gegen starke Regenfälle hilft nur eine Persenning, die über den Innenraum gespannt wird. Aber nur dann, wenn das Auto steht. In den nächsten Jahren entstehen noch weitere Fahrzeuge dieses Typs, die aufgrund des Fehlens des Dachs und eines Verdeckmechanismus ideal für den Rennsport sind. Denn noch vermischen die Fahrzeuge die Ambitionen für Motorsport und Straßensportwagen. Bis in die frühen 1960er-Jahre hinein entstehen bei Ferrari Barchettas, wobei die Letzte auch die Berühmteste ist: der 250 Testa Rossa. In einigen Fällen tragen die Modelle auch die Bezeichnung Spider, unterscheiden sich aber nicht vom Barchetta-Konzept.

Für Vier: Das Mondial Cabriolet ist zwischen 1984 und 1993 eine Option, in einem 2+2-Sitzer offen unterwegs zu sein (ganz rechts).

Der Siegeszug geschlossener Fahrzeuge beginnt dagegen zögerlich: 1948 entstehen ein 166 S Allemano Coupé und ein 166 S Touring Coupé, jeweils als Einzelstücke. Im Folgejahr werden vom 166 Inter Touring Coupé immerhin 18 Exemplare gefertigt. 1949 werden überdies drei Fahrzeuge des 166 Inter Farina Cabrio gefertigt. Die von Stabilimenti Farina (nicht Pinin Farina!) eingekleideten Modelle sind die ersten Ferrari-Cabriolets mit klappbarem Textilverdeck. In den darauf folgenden Jahren entstehen immer wieder einzelne Cabrioversionen.

Rarität: Vom 250 GT California Spider entstehen ab 1957 nur 53 Exemplare, von denen besonders die agilen Versionen mit kurzem Radstand gefragt sind (unten).

Zum ersten erfolgreichen Cabriolet wird 1956 das 250 GT Pinin Farina Cabrio, von dem 40 Exemplare gebaut werden. Es entstammt der erfolgreichen 250er-Baureihe und besitzt entsprechend einen 3,0-Liter-V12-Motor mit 240 PS. Ihm folgt 1957 parallel der 250 GT California Spider mit 260 PS. Auch sein Design stammt von Pinin Farina, fällt aber etwas bulliger aus und soll mit 20 Zusatz-PS vor allem dem US-Geschmack entsprechen. 1960 entsteht ein Meilenstein in der Cabrio-Geschichte von Ferrari: Der 250 GT California Spider bekommt in einer Modellüberarbeitung einen kürzeren Radstand, wodurch das Gesamtdesign deutlich gewinnt und er zum Traumwagen schlechthin wird.

Nach einem Jahr ohne Cabrio stellt Ferrari 1964 den 275 GTS vor. Er hat einen 3,3-Liter-V12-Motor mit 260 PS und orientiert sich stilistisch noch stark an seinen Vorgängern. Daran ändert sich auch nicht viel, als er 1966 zum 330 GTS mit 4,0-Liter-Maschine wird. Im gleichen Jahr wir das super exklusive 365 California Cabriolet vorgestellt, von dem (nicht zuletzt wegen des hohen Preises) nur 14 Exemplare entstehen.

Zum Höhepunkt der Dekade wird indes der 365 GTS/4 „Daytona“. Obwohl er in späteren Jahren zu einem der begehrtesten Ferrari-Fahrzeuge wird, fertigt Ferrari zwischen 1969 und 1973 den 352 PS starken V12-Sportwagen nur 125-mal: Cabrios sind in den 1970er-Jahren nicht gefragt, weshalb Ferrari sie aus dem Programm nimmt. Der halboffene 308 GTS ist 1977 ein zaghafter Versuch einer Rückkehr (siehe Seite 52).

Das erste echte Vollcabrio nach elfjähriger Abstinenz stellt Ferrari 1984 vor. Weil Cabrios wieder

salonfähig sind, beschließt man, den Mondial Quattrovalvole aufzuscheiden. Tatsächlich kurbelt das Cabrio die Produktion des 240 PS starken Mondial merklich an. Neben der Tatsache, dass dies das erste V8-Cabrio von Ferrari ist, ist das Mondial Cabriolet auch der erste offene Viersitzer der Italiener. Über verschiedene Evolutionsstufen hinweg – zum Schluss ist der Mondial 300 PS stark – bleibt das Cabrio bis 1993 im Programm. Zeitlebens hat es hausinterne Konkurrenz durch die zweisitzigen GTS-Modelle auf Basis von 308, 328 und 348.

Kurz bevor das Mondial Cabriolet in der Versenkung verschwindet, debütiert 1993 auf dem Genfer Autosalon der 348 Spider. Auch er ist ein Vollcabrio und optisch viel gefälliger. Im Vergleich zu seinen Brüdern 348 tb und 348 ts bekommt der 348 Spider auch gleich die auf 320 PS leistungsgesteigerte Ausführung des V8-Motors spendiert. Dafür bleibt er bis Sommer 1995 im Programm, während die „Kollegen" bereits ein Jahr früher vom F355 abgelöst werden.

Als schließlich der F355 Spider auf den Markt kommt, überrascht er mit einer wichtigen Ferrari-Neuerung: Er ist der Erste im Haus, der über ein halbautomatisches Verdeck verfügt, bei dem nur noch die Verriegelung per Hand erfolgt. Im gleichen Jahr debütiert auch der für lange Zeit extremste offene Ferrari: der F50 (siehe Seite 64).

Die Siebenstufen-Halbautomatik ermöglicht Schaltvorgänge ohne Zugkraftunterbrechung (Details siehe Kapitel: Ferrari 458 Italia) und trägt maßgeblich zu der hervorragenden Performance des California bei: Braucht der F430 Spider 4,1 Sekunden bis Tempo 100, sind es beim Neuen weniger als 4,0 Sekunden. Dieser verfehlt wiederum mit einer Höchstgeschwindigkeit von 310 km/h nur marginal den Messwert des 30 PS stärken Mittelmotorwagens.

Angesichts dieser Leistung ist es gut, dass Ferrari dem California alles mit auf den Weg gibt, was Sicherheit und Traktion förderlich ist. Neben den fest etablierten Systemen ABS, EBD, MSR und ASR sowie dem inzwischen ebenfalls üblichen CST ist auch F1-Trac mit an Bord – jene Traktionskontrolle des 599 GTB Fiorano, die im 430 Scuderia zur Vollkommenheit perfektioniert wird. Sie gibt auch „normalen" Fahrern beim Herausbeschleunigen aus Kurven maximale Traktion, indem im Zusammenspiel mit den CST-Sensoren genau so viel Kraft zugelassen wird, wie vor dem Ausbrechen des Autos möglich ist. Im Unterschied zu herkömmlichen Stabilitätsprogrammen er-

Perfekt: Auch der California eignet sich bestens für private Ausflüge auf die Rennstrecke.

Neue Wege: Sowohl bei der Antriebstechnik als auch bei der Ausstattung des California legt Ferrari großen Wert auf eine gute Fahr- und Bedienbarkeit und sowie auf maximal möglichen Alltagsnutzen.

folgt das Einbremsen nicht so hart, dass der Wagen abgebremst wird. Angesichts so feiner Renntechnik überrascht es nicht, dass die Kontrolle der Assistenzsysteme über ein Manettino am Lenkrad erfolgt.

Auf digitale Helfer greift unter Umständen auch das Fahrwerk zurück, das auf Wunsch mit elektronisch gesteuerten Stoßdämpfern (SCM) erhältlich ist – einer Weiterentwicklung des Skyhook-Systems. Bemerkenswerter ist beim Fahrwerk allerdings, dass Ferrari von seiner lange gepflegten Philosophie der Doppelquerlenkerachsen für vorne und hinten abweicht. So besitzt der California hinten eine Mehrlenkerachse, die ein Erbe der frühen Maserati-Planungen ist und die sich nicht mehr revidieren lässt.

Tatsächlich bietet die Lösung, die grundsätzlich nicht ungewöhnlich ist, auch ihre Vorteile. So sorgt sie für eine sehr hohe Längsflexibilität der Radaufhängung, bei gleichzeitig guter Absorption der Fahrbahnunebenheiten. Während vielen Mehrlenkerachsen attestiert wird, hohen Querbeschleunigungen nicht gewachsen zu sein, beweist Ferrari mit dem California das Gegenteil. Positiv wirkt sich in diesem Zusammenhang auch die hohe Verwindungssteifigkeit der Karosserie aus, die vollständig aus Aluminium ist und gleichzeitig durch neue Verarbeitungsmethoden noch leichter ausfällt. Straff ist auch die Bremsanlage, die serienmäßig Carbon-Kermaik-Scheiben verwendet.

Trotz allem zeigt die Waage für den California 1.735 Kilogramm an – deutlich mehr als beim F430 Spider. Doch die Gründe liegen auf der Hand und sind der Positionierung des Fahrzeugs geschuldet: In den California packt Ferrari alles hinein, was ein zeitgemäßer Gran-Turismo-Fahrer braucht. Und mehr noch: Was eine Gran-Turismo-Fahrerin haben will. So gibt es erstmals in einem Ferrari ein Navigationssystem mit großem Zentralbildschirm und Touch-Screen-Funktion. Auch iPod-Anbindung, Festplatte und USB-Anschluss sind an Bord. Ebenso Seiten-Airbags und auf Wunsch eine Einparkhilfe.

Doch nicht nur in diesem Punkt bricht Ferrari mit Vertrautem. Auch das Innenraumkonzept ist völlig neuartig, denn der California ist in zwei Ausführungen erhältlich: Als reiner Zweisitzer bietet er eine große Ablage hinter Fahrer und Beifahrer, auf der bequem zwei Reisetaschen festgeschnallt werden können. Um etwas sperrigeres Gepäck transportieren zu können, bietet Ferrari sogar eine Durchlade zum Kofferraum an. Damit kann auch die gerne zitierte Golftasche mitgenommen werden.

Alternativ kann der California auch in einer Ausführung bestellt werden, die Ferrari selbst „2+“ nennt. In diesem Fall befinden sich zwei Sitze im Fond. Auf ihnen können

sogar Isofix-Kindersitze befestigt werden. Natürlich eigenen sich diese Plätze kaum für Erwachsene auf langer Fahrt – doch das erwartet auch niemand (siehe auch Seite 111). Erwartungen ganz anderer Art haben Ferrari-Kunden indes an den Stil des Innenraums. Hier gelingt Ferrari ein Volltreffer. Selbst das moderne Equipment ist perfekt in das Interieur integriert. Aufwendige Leder-Ausführungen, gewohnte Armaturen-Gestaltung (mittiger Drehzahlmesser in Gelb, 340-km/h-Tacho) sowie das unten abgeflachte Lenkrad mit Startknopf und Manettino sind über jeden Zweifel erhaben. Daran liegt es also gewiss nicht, dass der California in den ersten beiden Lebensjahren nicht zum kommerziellen Renner wird. Sein Debüt fällt exakt in den Auftakt der Weltwirtschaftskrise, sodass die angepeilten 2.500 bis 2.800 Einheiten jährlich nicht zu realisieren sind. Was der Qualität des Fahrzeugs aber keinen Abbruch tut und das Fahrzeug exklusiver macht.

Ein gutes Jahr nach seiner Vorstellung des California verblüfft Ferrari auf dem Genfer Autosalon 2010 mit einer Neuerung, die für viele überraschend kommt: Er bekommt eine „Stop & Start"-Automatik. Sobald das Fahrzeug bis zum Stillstand abgebremst wird, schaltet sich automatisch das Triebwerk ab – vorausgesetzt, das Aggregat hat seine Betriebstemperatur bereits erreicht und auch sonstige Parameter sprechen nicht dagegen. Beim Tritt auf das Gaspedal springt der V8-Motor binnen 230 Millisekunden spontan wieder an.

Damit wird der California noch sparsamer: Sein Normverbrauch sinkt um sechs Prozent, und sein CO_2-Ausstoß reduziert sich auf 280 g/km. So wird der California nicht nur zukunftsfähiger, sondern besitzt einen weiteren Punkt, der ihn im Segmentsvergleich auf Platz eins bringt.

Indizien des Sportwagens: Abgeflaches Lenkrad, Starterknopf und Setup-Regelung vom Steuer aus.

Multi-Debüt: Der California kann jeweils von sich in Anspruch nehmen, der erste Ferrari mit Benzindirekteinspritzung, Doppelkupplungsgetriebe, V8-Frontmotor und Multilenkerachse zu sein.

Ferrari 458 Italia

Vollgas in die Zukunft

Gerade werden erst die heiß begehrten Modelle 430 Scuderia und Scuderia Spider 16M ausgeliefert, da zeichnet sich bereits ab, dass die letzte Erprobungsphase für einen Nachfolger des F430 begonnen hat. Fast erscheint die Wachablösung überzogen, denn optische Alterungserscheinungen sind an dem viereinhalb Jahre alten Mittelmotorsportwagen nicht zu erkennen. Auch kommerziell gibt der F430 keinen Anlass zur Sorge, zumal die Kunden für beide „Scuderia" Schlange stehen. Sogar der Neuheiten-Effekt des fast gleich teuren Ferrari California kann dem älteren V8-Modell nicht schaden.

Neue Proportionen: Auf die ähnlichen 360 Modena und F430 folgt der völlig neu gezeichnete 458 Italia, dessen Dachlinie viel kuppelartiger ist.

Und trotzdem bemüht man sich bei Ferrari, den Nachfolger rasch auf die Straße zu bringen. Dabei haben sich die wirtschaftlichen Rahmenbedingungen seit Jahresbeginn 2009 weltweit drastisch abgekühlt. Die Krise erfasst alle Märke. Dass beim Jahreswechsel 2009-2010 mit 6.250 ausgelieferten Fahrzeugen trotzdem kaum eine Delle in den Verkaufszahlen zu spüren ist, darf sich der California auf die Fahnen schreiben, der als neu eingeführte vierte Baureihe das Gesamtvolumen hätte eigentlich vergrößern sollen.

Zwei andere Aspekte beflügeln indes die Entwicklung des Fahrzeugs. Den Strategen in Maranello ist von Beginn des California-Projekts an klar, dass seine Einführung eine Neuausrichtung der Modellpalette erforderlich macht. Fast unberührt davon ist die Spitze, an der die V12-Sportwagen in rennsportlicher oder eher langstreckentauglicher Abstimmung eine (Preis-)Klasse für sich sind. Darunter muss sich allerdings manifestieren, was ohnehin längst offenkundig ist: Die betont sportlichen Mittelmotorfahrzeuge sind längst kein Einstieg mehr in die Ferrari-Welt. Um diese Rangfolge auch faktisch zu bestätigen, ist nur konsequent, dass der F430-Nachfolger stärker, Performance-orientierter und teurer werden muss.

Ganz und gar nicht hausgemacht ist dagegen der zweite Faktor, der die Entwicklung beschleunigt: der ökologische Aspekt. Weil sich zusehends auf der Welt die Abgas- und Lärmemissionswerte verschärfen, muss auch Ferrari handeln. Die Herausforderung an Projektleiter Robert Fedeli und sein Team ist gewaltig. Denn im Grunde stehen

Breit und flach: Die Frontansicht des 458 Italia ist völlig neuartig. Unter anderem fehlen die beiden getrennten Lufteinlässe und die aerodynamische Öffnung in der Fahrzeugmitte. Dafür gibt es bewegliche Spoilerblätter.

sich beide Forderungen konträr gegenüber: Mehr Leistung bei weniger Verbrauch? Die Antwort auf diese Frage erarbeitet sich Ferrari über Jahre hinweg. Sie lautet Effizienz. Schon anlässlich der 60-Jahr-Feier von Ferrari doziert Generaldirektor Amedeo Felisa 2007 in Maranello: „Das Sportwagenkonzept der Zukunft basiert nicht auf noch mehr Leistung, sondern auf weniger Gewicht und effizienterem Einsatz der zur Verfügung stehenden Leistung."

Dazu präsentiert Ferrari die nicht fahrbereite Studie eines Fahrzeugs der Zukunft, das als Nachfolger des Ferrari Enzo gehandelt wird. Der „Millechili" symbolisiert das, was in seinem Namen steckt: „1.000 Kilogramm" stehen für extremen Leichtbau. Das stilistische Konzept einer augenscheinlich hocheffizienten Aerodynamik stammt dabei überraschenderweise nicht von Pininfarina, sondern von den beiden Turiner Studenten Louis Agullo und Felix Hiller, die zuvor einen Ferrari-Designwettbewerb gewinnen. Vor allem ihr ursprünglicher Entwurf Millechili, der Vorbild des 1:1-Modells ist, weist tatsächlich wesentliche Merkmale des F430-Nachfolgers auf.

Doch so klar ist, dass der neue Mittelmotorsportwagen wieder von Pininfarina gezeichnet wird, so logisch ist auch, dass er nicht Millechili heißt. Nach Jahren der Pause kehrt Ferrari zur Nomenklatur der ersten Modelle mit V8-Antrieb zurück, also Hubraum plus Zylinderzahl. Konkret wird daraus 458, in bester Erinnerung an 308, 328 und 348. So verblüffend einfach das Zahlenkürzel ist, so sehr wundern sich Fans über den Namenszusatz: Italia. Voller Stolz verknüpft der Ferrari-Präsident die wesentlichen Fahrzeugeigenschaften wie technische Innovation, kreatives Flair, Design und Leidenschaft mit den Merkmalen seiner Heimat.

Bereits ein flüchtiger Blick auf den 458 Italia, der im September 2009 unter großem Beifall auf der IAA in Frankfurt vorgestellt wird, verdeutlicht den Neuanfang der Mittelmotorbaureihe. Neben der Millichili-Studie erinnert sie jetzt an den Enzo, während

Modellübersicht

458 Italia	
seit 2009:	4,5 l / 570 PS

360 Modena und selbst F430 im Vergleich wie von gestern wirken. Gleichteile, wie sie bei der Entwicklung dieser beiden verwendet werden, sind passé. Auffällig sind dagegen der lange Radstand und natürlich die Frontpartie, die kaum etwas mit früheren Ferrari-Modellen zu tun hat.

Und doch: In einem ganz bestimmten Punkt ist der Bug des 458 Italia typisch für die modernen Ferrari: Konsequent ist er nach aerodynamischen Gesichtpunkten gestaltet und berücksichtigt Erfahrungen aus dem Motorsport. Was Ferrari hier zum Einsatz bringt, ist wenige Jahre vorher noch nicht einmal in der Formel 1 üblich. So enthält die Front, anders als bei „360" und „430", nur eine einzige Öffnung, die dafür sehr flach ausfällt und die zu zwei Kühlern führt. Davor befinden sich zwei aero-elastische Winglets, die sich geschwindigkeitsabhängig verformen. Sie sind so eingestellt, dass sie bei geringen Geschwindigkeiten Abtrieb erzeugen, und bei steigendem Speed den Kühleinlass verkleinern und somit zu einer besseren Aerodynamik führen.

Das ist bei Weitem nicht die einzige Raffinesse im Design des 458, bei dem der vollflächig verkleidete Unterboden schon fast als selbstverständlich hingenommen wird. Ist er aber nicht: Wie im Motorsport üblich sind es die kleinen Schritte und Experimente, mit denen die Aerodynamik verbessert wird. Konkret nutzt Ferrari die Erfahrungen aus den erfolgreichen Renneinsätzen des F430 GT2 und setzt einen flachen Unterboden ein, in dem nur die Lufteinlässe für die Kühlung des Motorraums integriert sind. Sie befinden sich vor den hinteren Radkästen und nutzen den Druckunterschied, um einerseits den Luftstrom effizient einzuleiten, und andererseits auch höheren Abtrieb zu erzeugen.

Verblüffend ist auch die Luftzuführung der im Heck platzierten Ölkühler für das Ge-

Neu gruppiert: Erstmals hat ein Ferrari drei Abgasendrohre.

Nachgelegt: Der 4,5-Liter-V8-Motor besitzt eine Benzindirekteinspritzung und kann eine Literleistung von sensationellen 126,8 PS pro Liter Hubraum aufweisen.

Enzo light: Wie es der Enzo von 2002 als Muster vorgibt, so besitzt auch der 458 Italia die dreidimensionalen Rückleuchten – allerdings pro Seite nur eine.

triebe. So strömt die Luft über die Oberseite der Heckabrisskante und führt damit zu einem aerodynamischen Effekt (Base Bleed Effect), der den Luftwiderstand reduziert. Aufsehen erregen auch die kielförmigen Schweller, die als Schürzen für die Hinterräder wirken sowie die aufwendig entwickelten und mit senkrechten Finnen versehenen Diffusoren.

Zwar lässt sich Ferrari ungern in die Karten schauen, doch angesichts der Mühen und Kosten, die in der Aerodynamik des 458 Italia stecken, lüften die Italiener doch kurz das Geheimnis seiner Formgebung: Die technische Entwicklung eines modernen Ferrari startet heute mit CFD-Simulationen (Computational Fluid Dynamic). Sie helfen noch vor dem ersten Windkanaltest, die Luftströme zu optimieren. Erst wenn diese Berechnungen zufrieden stellend sind, wird ein Modell im Maßstab 1:3 gefertigt, das im hauseigenen Windkanal mit „rollender Landstraße" erprobt und verfeinert wird.

Das Resultat ist mehr als nur respektabel: Der cW-Wert des 458 Italia liegt bei sensationellen 0,33 – ein Spitzenwert wenn man berücksichtigt, dass die Karosserie nicht nur windschnittig sein, sondern gleichzeitig auch hohen Anpressdruck generieren soll. So drücken bei Tempo 200 schon ein Gewicht von zusätzlichen 140 Kilogramm auf die Straße, bei 300 km/h sogar 360.

Trotzdem finden die Designer von Pininfarina Möglichkeiten, Akzente zu setzen. Die schlitzförmigen LED-Fronscheinwerfer weisen in die Zukunft, der Rückleuchten-Look ist aktuell und die dreiflutige Abgasanlage ein Fingerzeig zum legendären F40.

Dieser darf immerhin 22 Jahre lang den unangefochtenen Rekord für sich verbuchen, der schnellste Straßen-Ferrari mit V8-Motor zu sein. Erst der 458 Italia schafft es, den Supersportwagen vom Thron zu stoßen. Mit einer Werksangabe von „über 325 km/h“ zieht er, wenn auch nur leicht, am 478-PS-Turbo-Renner von 1987 vorbei. Naheliegend, dass dies mit guter Aerodynamik alleine nicht zu bewerkstelligen ist, sondern vor allem mit der Kraft zusammenhängt: 570 PS leistet das V8-Triebwerk des 458 Italia, was nicht nur 92 PS mehr sind als beim F40, sondern 80 PS mehr als beim F430 und – letztlich entscheidend – 110 PS mehr als beim California.

Gänzlich neu ist das Triebwerk nicht, aber so vollkommen weiterentwickelt, dass es wie eine Neuentwicklung erscheint. Aus California-gleicher Bohrung von 94,0 Millimetern und 81,0 Millimetern Hub ergibt sich 4,5 Liter Hubraum – und ergo eine Literleistung von exorbitanten 127 PS pro Liter. Noch unglaublicher ist die maximale Drehzahl, die mit 9.000 U/min den höchsten Wert erreicht, den je ein Serienfahrzeug hat. Bemerkenswert ist dabei, dass die Maximaldrehzahl und das Leistungsmaximum zusammenfallen.

Für Verblüffung sorgt auch das Drehmoment. Zum einen, weil es mit maximal 540 Newtonmetern bei 6.000 Touren einen Betrag erreicht, aus dem Ferrari den wenig gebräuchlichen Wert des spezifischen Drehmoments errechnet, der mit 120 Nm/l einen weiteren Spitzenplatz bedeutet. Zum andern, weil der Drehmomentverlauf Sportwagen-untypisch füllig ist. Bereits bei 3.250 Umdrehungen verfügt der 458-Italia-Fahrer über 80 Prozent des Maximalwerts.

Wie hochgezüchtet das Triebwerk tatsächlich ist, zeigen indes andere Details, die überwiegend dem Technologietransfer aus der Formel 1 entstammen. Dünne Kompressionsringe reduzieren die Reibung zwi-

Alles dran: Das Lenkrad ist noch multifunktionaler, auch mit Blinker und Manettino (oben).

Spätes Rot: Der rote Bereich des 458 Italia beginnt erst bei 9.000 Umdrehungen.

Steuergeschenk: Neben dem Startknopf sind nun auch Lichthupe und Dämpfereinstellung am Lenkrad platziert.

Der Schein trügt: Auch wenn F1 zu lesen ist, hat der 458 Italia keine F1-Schaltung, sondern ein Doppelkupplungsgetriebe. Geblieben sind indes die Funktionen „Auto"(matik), „R"(ückwärts) und „Launch"(Control), also Starthilfe.

Meilensteine der Mittelmotor-Entwicklung: Der Ferrari 348 (rechts) von 1989 ist der Erste mit längs eingebautem V8-Motor, der 365 GT/4 Berlinetta Boxer von 1971 der Erste mit flachem 180-Grad-V12-Motor (ganz rechts).

Ferrari und Mittelmotor

„Das Pferd zieht den Wagen. Es schiebt ihn nicht." Mit diesen Worten erklärt Enzo Ferrari seinen Kritikern Ende der 1950er-Jahre, was er vom Mittelmotor hält: nichts. Seine großen V12-Triebwerke sieht er ausnahmslos im Bug des Fahrzeugs richtig platziert. Der Formel-1-WM-Titel von 1958 scheint ihm recht zu geben, und für Straßenfahrzeuge ist diese Anordnung ohnehin kein Thema.

Doch die englischen Teams, allen voran Cooper, erobern in kürzester Zeit die Grand-Prix-Szene. Wesentlichen Anteil daran hat das Mittelmotor-Layout ihrer Fahrzeuge. Doch selbst noch in der Saison 1960 hält Enzo Ferrari eisern an seinem Grundsatz des Frontmotors fest. Als Phil Hill beim Großen Preis von Italien mit seinem Ferrari 246 Dino den letzten Sieg eines Frontmotor-Fahrzeugs in der Formel 1 erringt, hat sich aber selbst in Maranello die Erkenntnis durchgesetzt, dass am Mittelmotor kein Weg vorbeiführt.

Begünstigt vom völlig neuen Motorenreglement, das maximal 1,5 Liter Hubraum vorsieht, entsteht mit dem 156 F1 der erste Ferrari mit Mittelmotor-Layout. Er wird zum vollen Erfolg: Ferrari sichert sich 1961 die Fahrer- und Konstrukteurs-WM.

Atemnot: Um genügend Luft in den Motorraum hinter der Fahrgastzelle zu bekommen, sind auch die Designer gefragt. Der Testarossa von 1984 ist in diesem Punkt am extremsten (rechts).

Macht den Mittelmotor in Maranello salonfähig: der Dino 246 GT von 1969 (unten).

Parallel dazu sichern sich die Italiener die Sportwagen-WM. Auch hier kommt mit dem Dino 246 SP erstmals ein Mittelmotor-Fahrzeug zum Einsatz. Fortan ist auch für Enzo Ferrari klar, wo das Triebwerk bei einem Rennwagen platziert sein muss: Fortan entstehen nur noch Sportprototypen mit Mittelmotor.

Noch ziert sich der Commendatore allerdings, diese Errungenschaft an seine Straßenfahrzeuge weiterzugeben. Nur vor dem Hintergrund eines geplanten Motorsportengagements entschließt sich Ferarri, 1963 auf dem Pariser Autosalon den 250 LM vorzustellen – ein straßenzulassungsfähiges Fahrzeug, das allerdings auf dem Rennwagen 250 P basiert. Auch wenn letztlich die eigentlichen Rennpläne scheitern, weil die Homologation verweigert wird, entstehen vom 250 LM bis 1966 32 weitere Exemplare. Etwas überraschend gelingt Ferrari mit dem Fahrzeug bei den 24 Stunden von Le Mans sogar ein Gesamtsieg.

Auf dem Turiner Salon stellt Ferrari 1967 das erste Mittelmotorfahrzeug, das ausschließlich für den Straßengebrauch entwickelt ist: der Dino 206 GT. Er ist eine völlige Neukonstruktion und wird von einem 2,0 Liter großen V6-Motor angetrieben. Die von Pininfarina gezeichnete Karosserie ist bezaubernd, das Handling aufgrund der kompakten Abmessungen und des Mittelmotorkonzepts grandios. Der 180 PS starke Zweisitzer hat nur ein Problem: Offiziell ist er kein Ferrari, sondern ein Dino. Das ändert sich auch nicht, als er 1969 vom 246 GT abgelöst wird.

Ungeachtet ihres Erfolgs im Motorsport gehört die Mittelmotorbauweise bald zum guten Ton im Sportwagenbau. Ferrari reagiert auf die Konkurrenz von Lamborghini und Maserati mit einem

Zwölfzylinder-Mittelmotor-Boliden: Auf dem Pariser Salon zeigt die Marke aus Maranello den 365 GT/4 Berlinetta Boxer, der sich schnell als Spitzenmodell von Ferrari etablierte. Gut zehn Jahre lang fertigt Ferrari den „BB", der zunächst mehr Hubraum und später eine Einspitzanlage erhält. Seine Form bliebt indes bis 1984 weitgehend unverändert. Ihm folgt im gleichen Jahr der Testarossa, der das gleiche Antriebs-Layout besitzt. Er bleibt in den Evolutionsstufen 512 TR (1992) und F512M (1994) bis 1996 im Programm.

Als 1974 der Dino 246 GT eingestellt wird, folgt ein neuer Dino – ebenfalls mit Mittelmotor, doch diesmal mit 3,0-Liter-V8-Triebwerk. Auf gleicher Basis entsteht 1975 der Ferrari 308 GTB, der formal der erste Ferrari mit V8-Mittelmotor ist (siehe auch Seite 50). Eine Besonderheit des Dino 308 GT/4, der 1977 auch offiziell in den Stand eines Ferrari emporgehoben wird, ist sein Raumkonzept mit 2+2-Sitzplätzen. Dieses Merkmal übernimmt 1980 auch sein Nachfolger, der Mondial 8, der in verschiedenen Leistungsstufen bis 1993 im Programm bleibt. Obwohl baulich besonders schwierig, bildet er 1984 auch die Basis für die Rückkehr von Ferrari zu den Voll-Cabriolets.

Immer dann, wenn bestes Handling gefragt ist, setzt Ferrari auf die Mittelmotorbauweise. Entsprechend befindet sich auch bei den Supersportwagen GTO, F40 und F50 das Triebwerk zwischen Fahrgastzelle und Hinterachse. Kaum vorstellbar, dass sich das je ändern wird.

Die Erfahrung aus 60 Jahren Formel 1: Diffusor am Heck des 458 Italia mit senkrechten Finnen.

schen den Kolben und den Zylinderlaufbuchsen, was wichtig für höhere Leistung und geringen Verbrauch ist. Aus dem gleichen Grund sind auch die Kolbenschäfte mit Graphit beschichtet. Zur Senkung der Eigenreibung tagen aber auch vier Spülpumpen bei, mit denen dank aufwendiger Absaugtechnik verhindert wird, dass überschüssiges Öl aus dem Trockensumpf austritt, zur rotierenden Kurbelwelle gelangt und damit unnötige Reibung verursacht.

Hightech findet sich selbst im Ansaugrohr, dessen Aluminiumwände dünner und damit leichter sind. Auch hier lassen die Techniker nichts unversucht, Verluste zu reduzieren und andererseits auch die volumetrische Effizienz durch höhere Variabilität zu optimieren. Dazu kommen zum ersten Mal drei pneumatisch gesteuerte Drosselklappen zum Einsatz.

Logisch ist überdies die Verwendung der Benzindirekteinspritzung, die ein Jahr zuvor im California ihr Debüt gibt. Weil die Einspritzung dank der „Split Injection" (eine Art Doppelstrahl) in zwei Phasen unterteilt wird, erhöht sich die Motorleistung, während gerade bei kleinen Drehzahlen das Drehmoment steigt. Typisch hohe Direkteinspritzer-Drücke (rund 200 bar) führen

Überraschung inklusive: So kompromisslos der 458 Italia aussieht, so sehr verblüfft er mit seinen gepflegten Manieren beim Fahren.

zur feineren Zerstäubung des Kraftstoffs und zu einem optimalen Zündgemisch – und als Folge zu mehr Leistung und geringerem Verbrauch.

Damit fährt Ferrari auf dem vom California eingeschlagenen Weg fort, was das Cabriolet in einem neuen, weniger „weichgespülten" Licht erscheinen lässt: Denn auch der 458 Italia ist trotz seiner hohen Leistung beileibe nicht so ungeschliffen, wie es sein Design und seine Leistungsdaten vermuten lassen. Während der 430 Scuderia laut brüllt, kreischt er neue Mittelmotorwagen beim Anlassen nur kurz auf, um dann in die typische Ferrari-Melodie zu verfallen – doch merklich gedämpfter. Erst bei hoher Drehzahl wird das Triebwerk akustisch präsent, um unter Volllast in einen Remix des markanten Formel-1-Sounds zu verfallen.

Nicht nur die Geräuschemissionen erhalten einen Dämpfer, sondern auch die Abgaswerte. Der Motor erfüllt die EU5- und Lev2-Norm und emittiert 307 g/km CO_2. Ein hoher Wert einerseits, aber andererseits ein verblüffend kleiner angesichts der Motorleistung. Dabei bedient sich Ferrari noch

Luca di Montezemolo

Mr. Ferrari

Die Stabilisierung und der Aufschwung von Ferrari sind nach dem Tod des Firmengründers untrennbar mit dem Engagement von Luca di Montezemolo verbunden: Der charismatische Manager wird 1991 nach einer zweieinhalbjährigen Übergangsphase Chef der Sportwagenmanufaktur. Als Vorstandsvorsitzender stellt er die Weichen für innovativere und qualitativ hochwertigere Sportwagen, für eine neue Unternehmenskultur und für eine Rückkehr an die Formel-1-Spitze: Mit Niki Lauda, Jean Todt und Michael Schumacher schart er die richtigen Leute um sich und ist offen für neue Konzepte. Dabei ist Montezemolo als Top-Manager erfahren genug – auch beim Thema Ferrari. Bereits kurz nach seinem Studium empfiehlt er sich als Assistent von Enzo Ferrari. Dieser befördert ihn 1974 zum Chef der Rennabteilung. Prompt wird Ferrari zweimal mit Niki

Lauda Weltmeister. Weil die Karrieremöglichkeiten in Maranello begrenzt sind, verlässt der 1947 geborene Manager Ferrari. Unter anderem wird er Organisationschef der Fußball-Weltmeisterschaft 1990 in Italien, bevor ihn Ferrari wieder holt. Montezemolo, der einem alten italienischen Adelsgeschlecht entstammt und vollständig Luca Cordero di Montezemolo heißt, werden zahlreiche Auszeichnungen zuteil. Mehrfach versucht auch die Politik die in allen Bereichen des öffentlichen Lebens sehr engagierte Gallionsfigur für sich zu gewinnen. Zwischen 2004 und 2010 fungiert er auch als Verwaltungsratsvorsitzender der Fiat Group.

nicht einmal der geläufigen Sparpotenziale wie Start-Stopp-Automatik, Hybridtechnologie oder gezielter Sparbetriebsmodi. So benötigt der 458 Italia im Normzyklus 13,7 Liter auf 100 Kilometer – fünf Liter, also 25 Prozent, weniger als sein Vorgänger.

Neben Aerodynamik und Motortechnik ist das auch dem Getriebe zuzuschreiben. Schließlich verfügt der 458 Italia über ein Doppelkupplungsgetriebe, dessen Technologie auch bei anderen Herstellern – Porsche eingeschlossen – für Verbrauchssenkungen sorgt.

Die Schaltbox mit ihren sieben Vorwärtsgängen stammt vom deutschen Getriebespezialisten Getrag und ist prinzipiell mit der des California identisch. Für die dynamischere Gangart des 458 Italia werden allerdings die Reaktionszeiten optimiert und die Getriebeübersetzung angepasst. Außerdem wird das Getriebe mit dem weiter entwickelten elektronischen Differenzial, das jetzt E-Diff 3 heißt, zu einer Einheit verschmolzen, die Raum und Gewicht spart.

Das Grundprinzip des Doppelkupplungsgetriebes besteht darin, dass die Gänge in zwei Gruppen (gerade und ungerade Schaltstufen) zusammengefasst sind, die unabhängig voneinander gesteuert werden können. Sie werden über zwei getrennte Eingangswellen ausgewählt. Diese sind wiederum über zwei Kupplungen mit dem Antriebsstrang verbunden. Bei einem Schaltvorgang wird entsprechend zwischen den beiden Ganggruppen hin- und hergewechselt, wobei die „Schaltzeit", also das Überlappen der Öffnungs- und Schließphasen beider Kupplungen, bei null liegt. Damit ist ein permanenter Kraftschluss vorhanden.

So gehört im 458 Italia die Zugkraftunterbrechung, wie sie von der konventionellen Handschaltung und der bis dahin so populären F1-Schaltung bekannt ist, der Vergangenheit an. Für Fahrer (und Beifahrer!) ist das Ausbleiben der Nickbewegungen die gravierendste Änderung, während sich bei der Bedienung nichts ändert: Mittels der beiden Schaltpaddels werden die Gänge gewechselt, das Kupplungspedal fehlt weiterhin und das Einlegen des Rückwärtsgangs erfolgt auf Knopfdruck. Vielleicht, weil die Bedienung gleich ist, oder vielleicht, weil der Name F1-Schaltung längst zum Inbegriff schneller Gangwechsel geworden ist, nutzt Ferrari die Bezeichnung trotz ganz unterschiedlicher Technik weiter.

Einen radikalen Schnitt müssen dagegen Traditionalisten verkraften: Genießt der limitierte Enzo mit seiner serienmäßigen F1-Schaltung eine Sonderstellung, wird der 458 Italia zum ersten regulären Ferrari, der nicht mehr mit Handschaltung erhältlich ist. Unmissverständlich räumt man in Maranello ein, dass die Nachfrage nach der berühmten offenen Schaltkulisse auf ein so niedriges Niveau gesunken ist, dass es sich nicht mehr lohnt, sie anzubieten. Längst ist offenkundig, dass sowohl bei der Fahrdynamik als auch bei der Wirtschaftlichkeit die konventionelle Handschaltung ausgedient hat.

Trotzdem bleibt etwas Nostalgie: Auch wenn es technisch längst möglich ist, die

Dünn gemacht: Am 458 Italia werden die Frontscheinwerfer noch schmaler, dafür aber länger.

Nach bewährtem Prinzip: Der 458 Italia kommt ohne Flügel und große Spoiler aus, sondern erzeugt seinen aerodynamischen Grip über raffinierte Details und einen cW-Wert von 0,33 (oben).

Es gibt ihn tatsächlich: Kofferraum für Kurz-Trips (rechts).

Schaltvorgänge eines Doppelkupplungsgetriebes so flüssig und weich zu gestalten, dass der Fahrer von ihnen nichts mehr mitbekommt, hat Ferrari eine andere Philosophie. Speziell bei Gangwechseln unter Volllast kommt es bewusst weiterhin zu jenen markanten Knallgeräuschen von sich entzündendem Kraftstoff im Abgaskrümmer, die den 458 Italia auch akustisch Richtung Formel 1 rücken lassen.

Dass sich mit solcher Technologie auch schnelle Beschleunigungszeiten erzielen lassen, ist logisch: Weniger als 3,4 Sekunden nennt Ferrari für den Sprint auf 100 km/h, womit der 458 Italia viel schneller als der F430 und der eingangs erwähnte F40 ist, aber auch schneller als der Enzo. Naturgemäß hat hier auch das Gewicht ein Wörtchen mitzureden. Mit fahrbereiten 1.455 Kilogramm (Trockengewicht: 1.380 Kilogramm) ist der 458 Italia ein Stück vom Millechili entfernt, erreicht aber angesichts von Größe und Ausstattung ein sensationelles Niveau. Nur 42 Prozent davon drücken auf die Vorderachse, 58 Prozent entsprechend hinten.

Trotz allem erregen andere Bereiche des Fahrzeugs noch mehr Aufmerksamkeit. Zum Beispiel das Fahrwerk. Nach dem California macht nun auch der 458 Italia Schluss mit der Doppelquerlenker-Lösung. Die Vorderradaufhängung folgt zwar noch dem Grundprinzip des Klassikers, der seine Wurzeln im Rennsport hat, weist aber einen Querlenker in L-Form auf. Seine Vorzüge sind besserer Ausgleich von Bodenunebenheiten und höhere Quersteifigkeit, also besseres Handling.

Wird im California die hintere Multilenkerachse als Maserati-Erbe erklärt, fällt die Entscheidung bewusst, sie auch im 458 Italia einzusetzen. Die Vorteile sind die gleichen wie beim vorderen L-Lenker, führen aber auch zu einer höheren vertikalen Steifigkeit. Im Vergleich zum F430 beträgt dieser Zuwachs schwer messbare 35 Prozent.

Das Fahrverhalten des 458 Italia ist allerdings über jeden Zweifel erhaben. Vor allem definiert es das Ferrari-Fahrgefühl völlig neu. Zum einen hängt das mit der neuartigen, völlig hydraulischen Lenkung zusammen. Gerade einmal zweieinhalb Umdrehungen sind von Anschlag zu Anschlag nötig, was fast eine Direktheit à la Formel 1 bedeutet – und auch eine gewisse Umstellung erfordert, um nicht beim Einlenken ständig über die Vorderräder zu rubbeln.

Zum anderen hängt das mit der weiterentwickelten Aktiv-Dämpfung aus dem „599" zusammen. Sie benötigt nur noch acht Millisekunden zur Anpassung der Stoßdämpfer-Kennlinien. Daraus resultiert in Kombination mit der Antriebstechnik und sämtlichen Regelsystemen wie E-Diff 3, F1-Trac, CTS und Hochleistungs-ABS ein Sportwagen, der so agil und präzise zu fahren ist, wie er auch aussieht.

Genau der gleiche Mix ist aber auch dafür verantwortlich, dass sich der 458 Italia im Alltagsverkehr, also mit Stau und auf schlechten Fahrbahnbelägen, nahezu wie ein Alltagsauto verhält. Das ist zwar nicht ausschlaggebend für die Kaufentscheidung der Kunden, hilft aber, die Freude an der Marke nicht zu verlieren.

Dazu trägt auch bei, dass Ferrari alles tut, um auch das Cockpit wohnlich zu machen. Trotz allem gleicht es eher einem modernen Fitness Center als einem kuscheligen Wohnzimmer. Carbon, Alu und Leder lassen den Fahrer stets wissen, dass er sich in einem reinrassigen Sportwagen befindet – falls er dies trotz 10.000er-Drehzahlmessers, stark erweitertem Manettino oder Schaltpaddels einmal vergessen haben sollte. Weiterhin macht Ferrari bei den Mittelmotorsportwagen einen großen Bogen um eine ausgeprägte Mittelkonsole, weshalb ein Zentralbildschirm fehlt. Statt dessen informiert das „Dynamic Assistance Display" neben dem Drehzahlmesser detailliert über das momentane Fahrzeug-Setup. Deshalb darf sich der „Italia"-Pilot wie Sportchef Stefano Domenicali beim Betrachten der Monitore an der Pitwall fühlen ...

194.000 Euro kostet der 458 Italia bei seinem Debüt, womit er sowohl seinen Vorgänger als auch den California klar hinter sich lässt. Doch spätestens, wenn der 458 Spider vorgestellt wird, dessen Kaufpreis mit einer Zwei beginnen wird, wird offenkundig, welche Position die Mittelmotorbaureihe heute tatsächlich einnimmt.

Eine Sonderstellung hat der 458 Italia indes schon jetzt sicher: Er ist der letzte Ferrari, an dessen Entwicklung Rekord-Weltmeister Michael Schumacher beteiligt ist.

Anschnallen bitte: Die Rennsportsitze sind im 458 Italia aus Carbon gefertigt und superleicht. Mit 5.712 Euro aber auch superteuer. Überhaupt lassen sich mit dem Programm von Carrozzeria Scaglietti locker 50.000 Euro „nachinvestieren"

Technische Daten der neuen Ferrari-Generation

Ferrari **456 GT**

MOTOR
Lage: vorne längs
Zylinder und Layout: 65° V12
Ventile pro Zylinder: 4
Nockenwellen: 2 pro Zylinderbank, gesteuert über Zahnriemen
Bohrung x Hub: 88,0 mm x 75,0 mm
Hubraum: 5.474 cm^3
Leistung: 442 PS bei 6.250 U/min
Maximales Drehmoment: 550 Nm bei 4.500 U/min

KRAFTÜBERTRAGUNG
Antrieb: Hinterräder
Getriebe: 6-Gang manuell (456 GT, 456M GT), 4-Gang-Wandlerautomatik (456 GTA, 456M GTA)

FAHRWERK
Radaufhängung: Einzelradaufhängung mit Doppelquerlenkern vorne und hinten
Räder und Reifen: ABS, ASR mit EBD (nur 456M GT und 456M GTA)

FAHRLEISTUNGEN
Höchstgeschwindigkeit: über 300 km/h (456 GT, 456M GT), 298 km/h (456 GTA, 456M GTA)
Beschleunigung 0 bis 100 km/h: 5,2 s (456 GT, 456M GT), 5,5 s (456 GTA, 456M GTA)

KAROSSERIE
Bauart: 2+2-sitziges Coupé
Design: Pininfarina
Luftwiderstandsbeiwert cW: 0,30
Länge x Breite x Höhe: 4.730 mm x 1.920 mm x 1.300 mm (456 GT, 456 GTA), 4.630 mm x 1.920 mm x 1.300 mm (456M GT, 456M GTA)
Radstand: 2.600 mm
Spur: 1.585 mm (vorne), 1.606 mm (hinten)
Leergewicht (EU-Norm): 1.690 kg (456 GT, 456M GT), 1.770 kg (456 GTA, 456M GTA)
Gewichtsverteilung vorne zu hinten: 51 % zu 49 % (456 GT, 456M GT), 49 % zu 51 % (456 GTA, 456M GTA)
Kofferraumvolumen: k.A.
Tankvolumen: 110 l

PRODUKTION
Debüt: Pariser Autosalon 1992 (456 GT), Genfer Autosalon 1996 (456 GTA), Genfer Autosalon 1998 (456M GT, 456M GTA)
Produktionszeitraum: 1992-1998 (456 GT), 1996-1998 (456 GTA), 1998-2003 (456M GT, 456M GTA)
Stückzahl: 5.229 (davon 3.289 456 GT und 456 GTA, 1.940 456M GT und 456M GTA)
Preis in Deutschland: 349.000 DM (456 GT, 1993), 389.700 DM (456M GTA, 1998)
Modellpflege: 456 GTA (1996), 456M GT (1998), 456M GTA (1998)

Ferrari **550 Maranello**

MOTOR

Lage: vorne längs
Zylinder und Layout: 65° V12
Ventile pro Zylinder: 4
Nockenwellen: 2 pro Zylinderbank, gesteuert über Zahnriemen
Bohrung x Hub: 88,0 mm x 75,0 mm („550"), 89,0 mm x 77,0 mm („575")
Hubraum: 5.474 cm^3 („550"), 5.748 cm^3 („575")
Leistung: 485 PS bei 7.000 U/min („550"), 515 PS bei 7.250 U/min (575M Maranello), 540 PS bei 7.250 U/min (Superamerica)
Maximales Drehmoment: 568 Nm bei 5.000 U/min („550"), 588 Nm bei 5.250 U/min („575")
Verdichtung: 10,8:1 („550"), 11,1:1 (575M Maranello), 11,2:1 (Superamerica)
Spezifische Leistung: 88,6 PS/l („550"), 89,6 PS/l (575M Maranello), 93,9 PS/l (Superamerica)

KRAFTÜBERTRAGUNG

Antrieb: Hinterräder
Getriebe: 6-Gang manuell
Getriebe optional (nur 575M Maranello und Superamerica): sequenzielle 6-Gang-Halbautomatik (F1)

FAHRWERK

Radaufhängung: Einzelradaufhängung mit Doppelquerlenkern vorne und hinten
Räder und Reifen: 255/40 ZR 18 (vorne), 295/38 ZR 18 (hinten) (alle außer Superamerica), 255/35 ZR 19 (vorne), 305/30 ZR19 (hinten) (nur Superamerica)
Regel- und Assistenzsysteme: ABS, EBD, MSR, ASR

FAHRLEISTUNGEN

Höchstgeschwindigkeit: 320 km/h (550 Maranello, Superamerica), 300 km/h (550 Barchetta Pininfarina), 325 km/h (575M Maranello)
Beschleunigung 0 bis 100 km/h: 4,3 s (550 Maranello), 4,4 s (550 Barchetta Pininfarina), 4,2 s (575M Maranello F1, Superamerica)

KAROSSERIE

Bauart: 2-sitziges Coupé (550 Maranello, 575M Maranello), 2-sitziges Cabrio (550 Barchetta Pininfarina, Superamerica)
Design: Pininfarina
Länge x Breite x Höhe: 4.550 mm x 1.935 mm x 1.277 mm (alle außer 550 Barchetta Pininfarina), 4.550 mm x 1.935 mm x 1.258 mm (550 Barchetta Pininfarina)
Radstand: 2.500 mm
Spur: 1.632 mm (vorne), 1.586 mm (hinten)
Leergewicht (EU-Norm): 1.690 kg („550"), 1.730 kg (575M Maranello), 1.790 kg (Superamerica)
Gewichtsverteilung vorne zu hinten: 54 % zu 46 %
Kofferraumvolumen: k.A.
Tankvolumen: 105 l

PRODUKTION

Debüt: Nürburgring 1996 (550 Maranello), Pariser Autosalon 2000 (550 Barchetta Pininfarina), Genfer Autosalon 2002 (575M Maranello), NAIAS Detroit 2005 (Superamerica)
Produktionszeitraum: 1996-2001 (550 Maranello), 2000-2001 (550 Barchetta Pininfarina), 2002-2005 (575M Maranello), 2004-2005 (Superamerica)
Stückzahl: 7.684 (davon 3.690 550 Maranello, 448 550 Barchetta Pininfarina, 2.987 575M Maranello, 559 Superamerica)
Preis in Deutschland: 324.700 DM (550 Maranello, 1996), 430.000 DM (550 Barchetta Pininfarina), 188.000 Euro (575M Maranello, 2002), 234.100 Euro (Superamerica)
Modellpflege: 550 Barchetta Pininfarina (2000), 575M Maranello (2002), Superamerica (2004)

Ferrari **360 Modena**

MOTOR
Lage: Mitte längs
Zylinder und Layout: 90° V8
Ventile pro Zylinder: 5
Nockenwellen: 2 pro Zylinderbank, gesteuert über Zahnriemen
Bohrung x Hub: 85,0 mm x 79,0 mm
Hubraum: 3.586 cm^3
Leistung: 400 PS bei 8.500 U/min (360 Modena, 360 Spider), 425 PS bei 8.500 U/min (360 Challenge Stradale)
Maximales Drehmoment: 373 Nm bei 4.750 U/min
Verdichtung: 11,0:1
Spezifische Leistung: 111,5 PS/l (360 Modena, 360 Spider), 118,5 PS/l (360 Challenge Stradale)

KRAFTÜBERTRAGUNG
Antrieb: Hinterräder
Getriebe: 6-Gang manuell
Getriebe optional (Serie bei 360 Challenge Stradale): sequenzielle 6-Gang-Halbautomatik (F1)

FAHRWERK
Radaufhängung: Einzelradaufhängung mit Doppelquerlenkern vorne und hinten
Räder und Reifen: 215/45 ZR 18 (vorne), 275/40 ZR 18 (hinten) (360 Modena, 360 Spider), 225/35 ZR 19 (vorne), 285/35 ZR 19 (hinten) (360 Challenge Stradale)
Regel- und Assistenzsysteme: ABS, EBD, MSR, ASR

FAHRLEISTUNGEN
Höchstgeschwindigkeit: über 295 km/h (360 Modena), 290 km/h (360 Spider), 300 km/h (360 Challenge Stradale)
Beschleunigung 0 bis 100 km/h: 4,5 s (360 Modena), 4,6 s (360 Spider), 4,1 s (360 Challenge Stradale)

KAROSSERIE
Bauart: 2-sitziges Coupé (360 Modena, 360 Challenge Stradale), 2-sitziges Cabrio (360 Spider)
Design: Pininfarina
Länge x Breite x Höhe: 4.477 mm x 1.922 mm x 1.214 mm (360 Modena, 360 Spider), 4.477 mm x 1.922 mm x 1.199 mm (360 Challenge Stradale)
Radstand: 2.600 mm
Spur: 1.669 mm (vorne), 1.617 mm (hinten)
Leergewicht (EU-Norm): 1.390 kg (360 Modena, 360 Spider), 1.180 (360 Challenge Stradale)
Gewichtsverteilung vorne zu hinten: 43 % zu 57 %
Kofferraumvolumen: 200 l
Tankvolumen: 95 l

PRODUKTION
Debüt: Genfer Autosalon 1999 (360 Modena), Genfer Autosalon 2000 (360 Spider), Genfer Autosalon 2003 (360 Challenge Stradale)
Produktionszeitraum: 1999-2004 (360 Modena), 2000-2004 (360 Spider), 2003-2004 (360 Challege Stradale)
Stückzahl: 17.600 (davon 8.766 360 Modena, 7.540 360 Spider, 1.294 350 Challenge Stradale)
Preis in Deutschland: 222.000 DM (360 Modena, 1999), 255.000 DM (360 Spider, 2000), 165.000 Euro (360 Challenge Stradale, 2003)
Modellpflege: 360 Spider (2000), 360 Challenge Stradale (2003)

Ferrari **Enzo Ferrari**

MOTOR
Lage: Mitte längs
Zylinder und Layout: 65° V12
Ventile pro Zylinder: 4
Nockenwellen: 2 pro Zylinderbank, gesteuert über Kette
Bohrung x Hub: 92,0 mm x 75,2 mm
Hubraum: 5.998 cm^3
Leistung: 660 PS bei 7.800 U/min
Maximales Drehmoment: 657 Nm bei 5.500 U/min
Verdichtung: 11,2:1
Spezifische Leistung: 110,0 PS/l

KRAFTÜBERTRAGUNG
Antrieb: Hinterräder
Getriebe: sequenzielle 6-Gang-Halbautomatik (F1)

FAHRWERK
Radaufhängung: Einzelradaufhängung in Pushrod-Bauweise vorne und hinten
Räder und Reifen: 245/35 ZR 19 (vorne), 345/35 ZR 19 (hinten)
Regel- und Assistenzsysteme: ABS, EBD, MSR, ASR

FAHRLEISTUNGEN
Höchstgeschwindigkeit: über 350 km/h
Beschleunigung 0 bis 100 km/h: 3,65 s

KAROSSERIE
Bauart: 2-sitziges Coupé
Design: Pininfarina
Länge x Breite x Höhe: 4.702 mm x 2.035 mm x 1.147 mm
Radstand: 2.650 mm
Spur: 1.660 mm (vorne), 1.650 mm (hinten)
Leergewicht (EU-Norm): 1.365 kg
Gewichtsverteilung vorne zu hinten: k.A.
Kofferraumvolumen: –
Tankvolumen: 110 l

PRODUKTION
Debüt: Maranello 2002
Produktionszeitraum: 2002-2005
Stückzahl: 400
Preis in Deutschland: 645.000 Euro (2002)
Modellpflege: FXX ohne Straßenzulassung (2005)

Ferrari **612 Scaglietti**

MOTOR
Lage: vorne längs, hinter der Vorderachse
Zylinder und Layout: 65° V12
Ventile pro Zylinder: 4
Nockenwellen: 2 pro Zylinderbank, gesteuert über Zahnriemen
Bohrung x Hub: 89,0 mm x 77,0 mm
Hubraum: 5.748 cm^3
Leistung: 540 PS bei 7.250 U/min
Maximales Drehmoment: 588 Nm bei 5.250 U/min
Verdichtung: 11,2:1
Spezifische Leistung: 94,0 PS/l

KRAFTÜBERTRAGUNG
Antrieb: Hinterräder
Getriebe: 6-Gang manuell
Getriebe optional: sequenzielle 6-Gang-Halbautomatik (F1)

FAHRWERK
Radaufhängung: Einzelradaufhängung mit Doppelquerlenkern vorne und hinten
Räder und Reifen: 245/45 ZR 18 (vorne, ab 2008: 245/40 ZR 19), 285/40 ZR 19 (hinten)
Regel- und Assistenzsysteme: ABS, EBD, MSR, ASR, CST

FAHRLEISTUNGEN
Höchstgeschwindigkeit: 320 km/h
Beschleunigung 0 bis 100 km/h: 4,2 s (ab 2008: 4,0 s)

KAROSSERIE
Bauart: 2+2-sitziges Coupé
Design: Pininfarina
Länge x Breite x Höhe: 4.902 mm x 1.957 mm x 1.344 mm
Radstand: 2.950 mm
Spur: 1.688 mm (vorne), 1.641 mm (hinten)
Leergewicht (EU-Norm): 1.840 kg (ab 2008: 1.875 kg)
Gewichtsverteilung vorne zu hinten: 46 % zu 54 %
Kofferraumvolumen: 240 l
Tankvolumen: 108 l

PRODUKTION
Debüt: NAIAS Detroit 2004
Produktionszeitraum: seit 2004
Stückzahl: in Produktion
Preis in Deutschland: 210.000 Euro (2004), 218.000 Euro (2004, mit F1)
Modellpflege: Sonderserie „Sessanta“ (2007), Facelift (2008)

Ferrari **F430**

MOTOR

Lage: Mitte längs
Zylinder und Layout: 90° V8
Ventile pro Zylinder: 4
Nockenwellen: 2 pro Zylinderbank, gesteuert über Kette
Bohrung x Hub: 92,0 mm x 81,0 mm
Hubraum: 4.308 cm^3
Leistung: 490 PS bei 8.500 U/min (F430, F430 Spider), 510 PS bei 8.500 U/min („Scuderia")
Maximales Drehmoment: 465 Nm bei 5.250 U/min (F430, F430 Spider), 470 Nm bei 5.250 U/min („Scuderia")
Verdichtung: 11,3:1 (F430, F430 Spider), 11,9:1 („Scuderia")
Spezifische Leistung: 113,7 PS/l (F430, F430 Spider), 118,4 PS/l („Scuderia")

KRAFTÜBERTRAGUNG

Antrieb: Hinterräder
Getriebe: 6-Gang manuell
Getriebe optional (Serie bei „Scuderia"): sequenzielle 6-Gang-Halbautomatik (F1)

FAHRWERK

Radaufhängung: Einzelradaufhängung mit Doppelquerlenkern vorne und hinten
Räder und Reifen: 225/35 ZR 19 (vorne), 285/35 ZR 19 (hinten) (F430, F430 Spider), 235/35 ZR 19 (vorne), 285/35 ZR 19 (hinten) („Scuderia")
Regel- und Assistenzsysteme: ABS, EBD, MSR, ASR, CST, E-Diff, F1-Trac (nur „Scuderia")

FAHRLEISTUNGEN

Höchstgeschwindigkeit: über 315 km/h (F430), 311 km/h (F430 Spider), 320 km/h (430 Scuderia), 315 km/h (Scuderia Spider 16M)
Beschleunigung 0 bis 100 km/h: 4,0 s (F430), 4,1 s (F430 Spider), 3,6 s (430 Scuderia), 3,7 s (Scuderia Spider)

KAROSSERIE

Bauart: 2-sitziges Coupé (F430, 430 Scuderia), 2-sitziges Cabrio (F430 Spider, Scuderia Spider 16M)
Design: Pininfarina
Länge x Breite x Höhe: 4.512 mm x 1.923 mm x 1.214 mm (F430), 4.512 mm x 1.923 mm x 1.234 mm (F430 Spider), 4.512 mm x 1.923 mm x 1.199 mm (430 Scuderia), 4.512 mm x 1.923 mm x 1.216 mm (Scuderia Spider 16M)
Radstand: 2.600 mm
Spur: 1.669 mm (vorne), 1.616 mm (hinten)
Leergewicht (EU-Norm): 1.450 kg (F430), 1.520 kg (F430 Spider), 1.350 kg (430 Scuderia), 1.337 kg (Scuderia Spider 16M)
Gewichtsverteilung vorne zu hinten: 42 % zu 58 %
Kofferraumvolumen: 200 l
Tankvolumen: 95 l

PRODUKTION

Debüt: Pariser Autosalon 2004 (F430), Genfer Autosalon 2005 (F430 Spider), IAA Frankfurt 2007 (430 Scuderia), Maranello 2008 (Scuderia Spider 16M)
Produktionszeitraum: 2004-2009 (F430), 2005-2009 (F430 Spider), 2007-2009 (430 Scuderia), 2008-2009 (Scuderia Spider 16M)
Stückzahl: keine Angabe, 499 (Scuderia Spider 16M)
Preis in Deutschland: 152.500 Euro (F430, 2004), 161.200 Euro (F430 Spider, 2005), 206.300 Euro (430 Scuderia, 2007), 255.359 Euro (Scuderia Spider 16M, 2008)
Modellpflege: F430 Spider (2005), 430 Scuderia (2007), Scuderia Spider 16M (2008)

Ferrari **599 GTB Fiorano**

MOTOR
Lage: vorne längs, hinter der Vorderachse
Zylinder und Layout: 65° V12
Ventile pro Zylinder: 4
Nockenwellen: 2 pro Zylinderbank, gesteuert über Kette
Bohrung x Hub: 92,0 mm x 75,2 mm
Hubraum: 5.998 cm^3
Leistung: 620 PS bei 7.600 U/min (599 GTB Fiorano), 670 PS bei 8.250 U/min (599 GTO)
Maximales Drehmoment: 608 Nm bei 5.600 U/min (599 GTB Fiorano), 620 Nm bei 6.500 Nm (599 GTO)
Verdichtung: 11,2:1 (599 GTB Fiorano), 11,9:1 (599 GTO)
Spezifische Leistung: 103,4PS/l (599 GTB Fiorano), 111,7 PS/l (599 GTO)

KRAFTÜBERTRAGUNG
Antrieb: Hinterräder
Getriebe: 6-Gang manuell
Getriebe optional (Serie bei 599 GTO): sequenzielle 6-Gang-Halbautomatik (F1)

FAHRWERK
Radaufhängung: Einzelradaufhängung mit Doppelquerlenkern vorne und hinten
Räder und Reifen: 245/40 ZR 19 (vorne), 305/35 ZR 20 (hinten) (599 GTB Fiorano), 285/30 ZR 20 (vorne), 315/35 ZR 20 (hinten) (599 GTO)
Regel- und Assistenzsysteme: ABS, EBD, MSR, ASR, CST, F1-Trac

FAHRLEISTUNGEN
Höchstgeschwindigkeit: über 330 km/h (599 GTB Fiorano), über 335 km/h (599 GTO)
Beschleunigung 0 bis 100 km/h: 3,7 s (599 GTB Fiorano), 3,4 s (599 GTO)

KAROSSERIE
Bauart: 2-sitziges Coupé
Design: Pininfarina
Länge x Breite x Höhe: 4.665 mm x 1.962 mm x 1.336 mm (599 GTB Fiorano), 4.710 mm x 1.962 mm x 1.326 mm (599 GTO)
Radstand: 2.750 mm
Spur: 1.690 mm (vorne), 1.618 mm (hinten) (599 GTB Fiorano), 1.701 mm (vorne), 1.618 mm (hinten) (599 GTO)
Leergewicht (EU-Norm): 1.690 kg (599 GTB Fiorano), 1.605 kg (599 GTO)
Gewichtsverteilung vorne zu hinten: 47 % zu 53 %
Kofferraumvolumen: 320 l
Tankvolumen: 105 l

PRODUKTION
Debüt: Genfer Salon 2006 (599 GTB Fiorano), Auto China Peking 2010 (599 GTO)
Produktionszeitraum: seit 2006
Stückzahl: in Produktion
Preis in Deutschland: 206.700 Euro (599 GTB Fiorano, 2006), 317.000 Euro (599 GTO, 2010)
Modellpflege: 599XX ohne Straßenzulassung (2009), 599 GTO (2010), 599 Spider (in Vorbereitung)

Ferrari **California**

MOTOR
Lage: vorne längs
Zylinder und Layout: 90° V8
Ventile pro Zylinder: 4
Nockenwellen: 2 pro Zylinderbank, gesteuert über Kette
Bohrung x Hub: 94,0 mm x 77,4 mm
Hubraum: 4.297 cm^3
Leistung: 460 PS bei 7.750 U/min
Maximales Drehmoment: 485 Nm bei 5.000 U/min
Verdichtung: 12,2:1
Spezifische Leistung: 107,0 PS/l

KRAFTÜBERTRAGUNG
Antrieb: Hinterräder
Getriebe: 6-Gang manuell
Getriebe optional: 7-Gang-Doppelkupplungsgetriebe

FAHRWERK
Radaufhängung: Einzelradaufhängung mit Doppelquerlenkern vorne, Multilenker hinten
Räder und Reifen: 245/40 ZR 19 (vorne), 285/40 ZR 19 (hinten)
Regel- und Assistenzsysteme: ABS, EBD, MSR, ASR, CST, F1-Trac

FAHRLEISTUNGEN
Höchstgeschwindigkeit: 310 km/h
Beschleunigung 0 bis 100 km/h: weniger als 4,0 s

KAROSSERIE
Bauart: 2+2-sitziges Cabrio
Design: Pininfarina
Länge x Breite x Höhe: 4.563 mm x 1.902 mm x 1.308 mm
Radstand: 2.670 mm
Spur: 1.630 mm (vorne), 1.605 mm (hinten)
Leergewicht (EU-Norm): 1.735 kg
Gewichtsverteilung vorne zu hinten: 47 % zu 53 %
Kofferraumvolumen: 340 l (bei geöffnetem Verdeck: 240 l)
Tankvolumen: 78 l

PRODUKTION
Debüt: Pariser Autosalon 2008
Produktionszeitraum: seit 2008
Stückzahl: in Produktion
Preis in Deutschland: 176.200 Euro (2008)
Modellpflege: –

Ferrari **458 Italia**

MOTOR
Lage: Mitte längs
Zylinder und Layout: 90° V8
Ventile pro Zylinder: 4
Nockenwellen: 2 pro Zylinderbank, gesteuert über Kette
Bohrung x Hub: 94,0 mm x 81,0 mm
Hubraum: 4.497 cm^3
Leistung: 570 PS bei 9.000 U/min
Maximales Drehmoment: 540 Nm bei 6.000 U/min
Verdichtung: 12,5:1
Spezifische Leistung: 126,8 PS/l

KRAFTÜBERTRAGUNG
Antrieb: Hinterräder
Getriebe: 7-Gang-Doppelkupplungsgetriebe

FAHRWERK
Radaufhängung: Einzelradaufhängung mit Doppelquerlenkern vorne, Multilenker hinten
Räder und Reifen: 235/35 ZR 20 (vorne), 295/35 ZR 20 (hinten)
Regel- und Assistenzsysteme: ABS, EBD, MSR, ASR, CST, E-Diff, F1-Trac

FAHRLEISTUNGEN
Höchstgeschwindigkeit: über 315 km/h
Beschleunigung 0 bis 100 km/h: 3,4 s

KAROSSERIE
Bauart: 2-sitziges Coupé
Design: Pininfarina
Länge x Breite x Höhe: 4.527 mm x 1.937 mm x 1.213 mm
Radstand: 2.650 mm
Spur: 1.672 mm (vorne), 1.606 mm (hinten)
Leergewicht (EU-Norm): 1.455 kg
Gewichtsverteilung vorne zu hinten: 42 % zu 58 %
Kofferraumvolumen: k.A.
Tankvolumen: 96 l

PRODUKTION
Debüt: IAA Frankfurt 2009
Produktionszeitraum: seit 2009
Stückzahl: in Produktion
Preis in Deutschland: 194.000 Euro (2009)
Modellpflege: 458 Spider (in Vorbereitung)

Danksagung und Bildnachweis

Es ist nahe liegend, dass ein solches Buch ohne die freundliche Unterstützung der Ferrari S.p.A. und der Ferrari Deutschland GmbH niemals diese Vollständigkeit aufweisen könnte. Als besonders wichtig erwies sich dabei der kontinuierliche Informationsfluss, weshalb mein großer Dank nicht nur den heute Verantwortlichen, sondern auch ihren Vorgängern gilt:

Claudia Berger
Claudio Berro
Gauillaume Chabin
Luca Colajanni
Bernd Fisa
Antonio Ghini
Gerald Kahlke
Sabine Kehm
Thomas Kiesele
Davide Kluzer
Bettina Lüttgen
Dr. Helmut Mander
Joachim Mathieu
Stefan Müller
Maurizio Parlato
Gianluca Pazzaglini
Simone Piatelli
Attilo Ruffo
Carlo Tazzioli
Tim Watson
Oliver Winkes

Außerdem gilt mein herzlichster Dank zwei Personen, mit denen ich über das Thema Ferrari seit vielen Jahren eng verbunden bin:

Peter Braun, Chefredakteur „Ferrari World“ und mein journalistischer Mentor
Andreas Birner, Ferrari-Consultant

Ganz besonders möchte ich mich auch bei all jenen bedanken, die durch ihr zur Verfügung gestelltes Bildmaterial einen entscheidenden Anteil an diesem Buch haben:

Ferrari S.p.A.
Ferrari Deutschland GmbH
Italdesign S.p.A.
Thomas „Kuni“ Kunert
Hannes Maiburg
Maserati S.p.A.
Pininfarina S.p.A.
Karel Sefrna
Zagato s.r.l.
Archiv Hörner